网络安全风险防范知识手册

PRACTICAL HANDBOOK OF
NETWORK SECURITY
MANAGEMENT

石焱　主编

中国林业出版社
China Forestry Publishing House

内容简介

本书采用"问答式、案例式、体验式"相结合的编写方式,从网络安全相关概念的认知、网络安全技术、硬件知识到典型案例、行业管理办法、相关国家法律法规,介绍了网络安全与风险防范相关知识。全书共4章,主要内容包括:相关概念、网络安全案例与防范分析、林业行业网络管理制度与管理办法、网络安全相关法律法规等方面的内容,既有理论和战略高度,又有可操作性的分析指导,案例丰富,可读性强。本书编写的目的在于面向广大林业干部普及网络安全与风险防范知识,提高林业从业人员网络应用水平和工作效率。本书既可供林业系统的信息技术人员和广大干部作为参考手册,也可供各行业办公人员、高校学生和广大信息化工作爱好者学习参考,为林业信息化培训基地指定使用参考用书。

图书在版编目(CIP)数据

网络安全风险防范知识手册 / 石焱主编. — 北京:中国林业出版社,2017.11(2019.11重印)
ISBN 978-7-5038-9349-0

Ⅰ.①网… Ⅱ.①石… Ⅲ.①计算机网络-网络安全-手册 Ⅳ.①TP393.08-62

中国版本图书馆 CIP 数据核字(2017)第 261246 号

国家林业局生态文明教材及林业高校教材建设项目

中 国 林 业 出 版 社·教 育 出 版 分 社

策划编辑:高红岩   责任编辑:高红岩
电话:(010)83143554   传真:(010)83143516

出版发行   中国林业出版社(100009   北京市西城区德内大街刘海胡同 7 号)
           E-mail:jiaocaipublic@163.com   电话:(010)83143500
           http://lycb.forestry.gov.cn
经   销   新华书店
印   刷   固安县京平诚乾印刷有限公司
版   次   2017 年 11 月第 1 版
印   次   2019 年 11 月第 3 次印刷
开   本   710mm×1000mm   1/16
印   张   15.5
字   数   285 千字
定   价   45.00 元

当前，以互联网为代表的信息技术日新月异，深刻改变着人们的生产生活，极大地促进了社会经济繁荣进步，经过了 20 多年的快速发展，中国的互联网从小到大，逐渐变强，到 2017 年 6 月，我国网民规模达到 7.51 亿，占全球网民总数的 1/5，互联网普及率 54.3%，我国已经成为全球网络大国，也正在努力向网络强国加紧迈进。与此同时，网络安全威胁和风险挑战也逐渐突显，对国家安全、公共安全和公共利益带来严重影响。面对严峻的网络安全形势，2014 年 2 月 27 日，我国成立中央网络安全和信息化领导小组，习近平总书记亲自担任组长。习近平总书记在中央网络安全和信息化领导小组第一次会议上指出，没有网络安全就没有国家安全，没有信息化就没有现代化。建设网络强国，要有自己的技术，有过硬的技术；要有丰富全面的信息服务，繁荣发展的网络文化；要有良好的信息基础设施，形成实力雄厚的信息经济；要有高素质的网络安全和信息化人才队伍；要积极开展双边、多边的互联网国际交流合作。

在 2014 年、2015 年、2016 年连续三届世界互联网大会上，习近平总书记强调，互联网是人类共同的家园，互联网的发展是无国界、无边界的，利用好、发展好、治理好互联网必须深化网络空间国际合作，携手构建网络空间命运共同体。在 2016 年和 2017 年的网络安全和信息化工作座谈会时习近平总书记提出：要树立正确的网络安全观，加快构建关键信息基础设施安全保障体系，全天候、全方位感知网络安全态势，增强网络安全防御能力和威慑能力。

我国林业信息化发展起步较晚，信息化普及率较低，网络安全意识及技能有待加强。在大力推进林业现代化建设、加快林业信息化步伐的路上，网络安全是重要基石，也是基本保障。世界已经进入了一个新的时代，即网络和数字化时代，作为新时代下的林业人，应该认识到网络安全的重要性，具备良好的网络安全知识，具有很强的网络安全意识，通过网络管理和运维工作，保障网络安全。我们要经常问自己这几个问题：对网络安全知识是否清晰了解？对自己单位的网络安全现状（安全软件、设备）情况掌握如何？网络和信息系统是否存在安全漏洞？网络安全防护措施是否落实到位？是否所有信息化资产都受到保护？有没有按照要求进行网络安全规划？

　　一百个风险漏洞隐患埋伏在我们的身边，等待着我们九十九次小心谨慎后的第一次疏忽。网络安全符合木桶效应，取决于最短板。信息的不对称性、滞后性、不完整性、不准确性等都会影响我们的每一次判断和措施的实施，只有不断地学习、实践及更新知识才能做到心中有数，只有全方位梳理、常态化检查、规范化管理才能做到心里有底。

　　全球信息化发展的新形势对我国网络安全和信息化建设来说，既是重大机遇，又面临严峻挑战。万物皆变，人是安全的主体，网络空间的竞争归根到底是人才竞争。重视人才的培养，重视网络安全人才，更好发挥网络安全领域企业家、专家学者、技术人员作用，请优秀的老师，编优秀的教材，积极投身网络强国建设，为事业发展提供有力的人才支撑。

　　《网络安全风险防范知识手册》这本书，就是在这样的一个背景下，针对林业工作及林业人员实际需求进行整理编写。网络安全知识的概念解读清晰，以各行业发生的真实案例为编写基础，梳理了必要的国家级和省级管理制度以及相关的法律法规。这本书体现了林业信息化培训基地在国家林业局信息化管理办公室指导下，与浙江省林业信息宣传中心工作人员的共同努力成果。本书具有很强的实用性和参考性。

2017 年 10 月

　　网络安全和信息化对一个国家很多领域都是牵一发而动全身的，林业领域也不例外。我们要清醒认清面临的形势和任务，充分认识做好工作的重要性和紧迫性，因势而谋，应势而动，顺势而为。

　　网络安全关系着国家安全，关系着民生，领导干部只有在思想上改变旧的认识，树立起新的观念，才能紧跟时代，把握未来。尤其是当今"互联网+"盛行，从商务到政务，处处都有互联网的影子。各级领导干部要起到带头作用，带头去学习、宣传网络安全的重要性。要能谈、多谈、深谈网络安全的重要意义，从自己开始，从思想和意志上维护网络安全，用实实在在的行动去重视网络安全，把网络安全观念深入日常，建立起网络安全思维并一一践行，尽可能地避免网络安全事件的发生，维护群众的核心利益。

　　《中华人民共和国网络安全法》已经于2017年6月1日生效实施。作为我国网络法治迄今为止的最重要成果之一，《网络安全法》不仅是我国网络安全工作的基本法，也是我国国家安全法律体系中不可或缺的一部重要法律，其颁布以及生效只是迈出了我国网络安全法治建设的第一步，而更重要的一步则在于贯彻实施这部法律，使之真正具备生命力，真正成为我国网络安全保护的安全阀。

　　立场决定态度。今后，各级领导需要立足于总体国家安全观的高度加以认识和把握《网络安全法》的重要性，把贯彻实施这样一部法律作为国家安全保障领域的一项重要任务。加强网络安全执法工作，尤其是要加强关键行业领域的执法工作，构建起相应的网络安全制度体系，使《网络安全法》成为严防网络安全问题的制度防火墙。

　　需要加强对网络安全普法的宣传教育和培训，注重典型案例的警示性宣传与教育，使人们能够通过鲜活的案例了解和把握《网络安全法》相对枯燥的内容，让其更易于认同并接受《网络安全法》。只有所有网络建设者、运营者、维护者、使用者以及监管者都能够从内心认同该法，并接受该法，他们才会做到将该法的规定内化于心，并通过内心思想意识的支配，将法的要求外化于行，从而使该法真正在规范人们网络行为，保障网络安全方面切实发挥应有的作用。

2017 年 10 月 18 日，举世瞩目的中国共产党第十九次全国代表大会隆重召开，习近平总书记再一次提出建设创新型国家，加强网络强国、数字中国和智慧社会建设，加强互联网内容建设，加强中国特色新型智库建设，建立网络综合治理体系，营造清朗的网络空间。同时，要求各级领导善于运用互联网技术和信息化手段开展工作，进一步注重完善国家网络安全。

尤其网络安全业务或技术负责人更要充分认识网络安全工作的重要性和紧迫性，积极主动学习相关法律法规与规章制度，了解国家和行业有关政策，了解网络安全技术的发展形势和趋势，熟练掌握最新的网络安全技术，熟悉网络设备与相关管理系统，按规定合理开展网络安全工作，努力做好网络安全工作的第一道防线，成为网络安全工作的中坚力量。

蔡林

2017 年 10 月

2012 年，为进一步贯彻落实《全国林业信息化建设纲要》，加快林业信息化人才队伍建设，为建设现代林业提供强有力的人才保障和智力支持，推进生态文化与教育培训系统行动计划的实施，国家林业局本着"着远长远，优势互补，资源共享，互利共赢，共同发展"的原则，6 月 1 日，国家林业局办公室正式批复，同意在国家林业局管理干部学院设立"林业信息化培训基地"，开展林业行业信息化培训，并进行培训需求调研。五年以来，开展了 100 多期信息化培训，林业系统领导干部和技术人员近万人参加了培训，培训期间，培训学员对互联网知识及新技术、网络安全风险防范等网络应用与网络管理需求做了充分反馈。为了适应林业系统领导干部和工作人员的工作需要，加大"十三五"林业信息化培训工作力度，进一步提高林业系统广大干部职工的信息化工作能力和水平，我们组织国家林业局管理干部学院林业信息化培训教研室、浙江省林业信息宣传中心及有丰富经验的网络安全企业一起，在国家林业局信息办网络处的指导下，共同策划并编写了《网络安全风险防范知识手册》。

《网络安全风险防范知识手册》一书根据林业行业的公务员及企事业单位工作人员对网络安全风险防范的需求，有三个主要特点：一是基础概念清晰明确。根据行业实际需求整理汇编专业知识，在深度上侧重于浅显易懂的描述，减少了阅读的枯燥性。在广度上几乎搜集并覆盖了网络安全所有相关名词及最新概念，保证了知识的时效性。二是案例真实、参考性高。本书收集了各行业真实案例，按照不同类别、不同角度归类，并通过具体剖析，让读者进入特定的操作场景和过程，是基础专业知识的进一步场景应用。三是搜索方便、覆盖全面。梳理了国家针对网络安全的相关法律法规，尤其是 2017 年实施的《中华人民共和国网络安全法》，旨在准确传达各项法规内容，实现对个人及组织行为的规范化，保障网络安全及相关工作合法有序。

本书编著的目的在于向广大林业干部职工普及网络安全与风险防范方面

的知识，提高林业从业人员网络应用水平和工作效率。互联网强势发展的时代，对于办公人员和领导干部，掌握必要的网络安全与风险防范的知识十分重要，我们结合林业行业工作人员的岗位特点和林业信息化培训中各类学员的需求反馈，拟定了本书的编写大纲和案例分析方案，旨在高效、清晰地提高从业人员的网络应用水平和网络安全风险防范能力，成为名副其实的复合型人才。

本书分为4章，主要内容包括：相关概念、网络安全案例与防范分析、林业行业网络管理制度与管理办法、网络安全相关法律法规。各部分内容目录简洁明了，区分清晰，结合工作实际中的真实案例，具有理论够用、突出技能、综合应用的特点，具有极强的参考性和实用性。本书既可供林业系统的办公人员和广大干部作为参考手册，也可供各行业办公人员、高校学生和广大信息化工作爱好者学习参考。

本书由国家林业局管理干部学院信息技术部主任石焱担任主编，浙江省林业信息宣传中心副主任张科、国家林业局信息办网络处处长徐前共同担任副主编，并负责组织编写大纲及统稿。编写人员分工如下：石焱编写第一章8~12、37、38、87、88、92~97，第二章案例二十一、二十五、二十六，第三章第三节；张科编写第一章13、21~24，第二章第一节案例一~四，第三章第二节；徐前编写第三章第一节；戴慧编写第一章1~7，14~20，25~30；方博编写第一章31~34、61~70、100~106、108~118；陈微编写第一章35、36、39~43，第二章案例二十七；奚博编写第二章案例二十三、案例二十四；金雨菲编写第二章案例二十二；叶影编写第三章案例五~十、案例十二~二十；柯家辉编写第一章71~86和第四章；蔡林编写第一章44~60；浙江大学控制科学与工程学院教授级高级工程师阮伟编写第一章89、98，浙江工业大学计算机科学与技术学院教授陈铁明编写第一章90、91、99、107及第二章案例十一。附录由石焱提供思路并编写。石焱、张科、徐前、柯家辉老师全程均参与了本书的大纲确定、内容审核与校对工作，浙江省公安厅网安总队总工蔡林为本书的主审。

在编写本书的过程中，笔者参考了大量的资料，编写大纲和思路得到国家林业局管理干部学院党委书记李向阳、副院长梁宝君、公安部十一局总工程师郭启全、浙江省林业厅党组成员陆献峰、公安部网络安全保卫局处长祝国邦、国家林业局信息办网络处副处长李淑芳、浙江省公安厅网安总队总工蔡林、浙江大学控制科学与工程学院教授级高级工程师阮伟、浙江工业大学计算机科学与技术学院教授陈铁明、中国林业科学研究院林业研究所常务副所长卢孟柱、工信部信息中心安全保障处郭赞宇、北京林业大学信息中心王雁军、杭州安恒信息技术有限公司高级副总裁张小孟、新华三技术有限公司安全服务部技术专家徐雯莉、北京天融信网络安全技术有限公司高级副总裁梁新民及王满君、孙剑、高磊、360 企业安全集团左英南等的大力支持和有效指导，吸取了许多同仁的经验，在此谨表谢意。

　　谨以此书纪念"林业信息化培训基地"设立五周年！

　　由于时间仓促，作者水平有限，难免有不当之处、错误之处，祈望读者指正。笔者的 E-mail 为 71161365@ qq. com。

石　焱

2017 年 11 月

目录 //

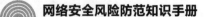

第一章 // 相关概念

随着互联网的不断发展，网络应用日益复杂，在不断满足人们对于大量信息需求的同时，网络病毒及各种风险冲击着互联网和终端用户，计算机与网络的安全逐渐成为了信息化建设被关注的重点，而工欲善其事必先利其器，想要解决各类网络突发事件，首先需要对网络安全方面的相关概念有所了解。

本章将重点对网络安全理论、网络安全名词、网络安全技术以及相关硬件设备等概念进行介绍，使大家对网络安全与风险防范的基础知识有清晰的认识。

第一节 网络安全概述

1. 网络安全

网络安全（Network Security）指网络系统的硬件、软件及其系统中的数据受到保护，不因偶然或者恶意的原因而遭受到破坏、更改、泄露，系统连续、可靠、正常地运行，网络服务不中断。网络安全主要体现在网络运行和网络访问控制的安全，如表 1-1 所示，包括网络层身份认证、网络资源的访问控制、数据传输的保密与完整性、远程接入的安全、域名系统的安全、路由系统的安全、入侵检测的手段、网络设施防病毒等。

表 1-1 网络安全

种　类	内　容
信息安全	计算机软件和数据
局域网、子网安全	访问控制（防火墙）
	网络安全检测（网络入侵检测系统）
网络中数据传输安全	数据加密（VPN 等）

（续）

种　类	内　容
网络运行安全	备份与恢复
	应急
网络协议安全	TCP/IP
	其他协议

国际标准化组织（International Organization for Standardization，ISO）曾将信息安全（Information Security）定义为数据处理系统建立和采取的技术和管理的安全保护，保护计算机硬件、软件和数据不因偶然和恶意的原因而遭到破坏、更改和泄漏，使系统能够连续正常运行。

随着行业的发展，信息安全的内涵不断延伸，从最初的信息保密性发展到信息的完整性、可用性、可控性和不可否认性，进而又发展为"攻（攻击）、防（防范）、测（检测）、控（控制）、管（管理）、评（评估）"等多方面的基础理论和实施技术。目前，信息安全已经与网络安全的概念一起，统称为网络安全。

目前，网络安全产品和服务大体可以分为三类：安全硬件包括防火墙/VPN、入侵检测（IDS）、入侵防御（IPS）、统一威胁管理（UTM）、内容与行为审计等；安全软件包括安全内容与威胁管理、身份认证与访问控制、安全与脆弱性管理等；安全服务又分为咨询服务、实施服务、维护服务、培训服务等。

国内网络安全企业十强❶：

（1）华为，主要业务领域：防火墙、入侵检测/入侵防御、统一威胁管理、抗 DDoS、VPN、云 WAF。

（2）启明晨星，主要业务领域：防火墙、网络隔离、入侵检测/入侵防御、统一威胁管理、抗 DDoS、数据库安全、数据防泄漏、漏洞扫描、SOC&NGSOC 以及评估加固和安全运维服务。

（3）深信服，主要业务领域：防火墙 &NGFW、统一威胁管理（UTM）、上网行为管理、VPN、移动终端安全。

（4）绿盟科技，主要业务领域：防火墙 &NGFW、入侵检测（IDS）/入侵防御（IPS）、统一威胁管理（UTM）、主机防护及自适应、抗 DDoS 设备、数据库安全、漏洞扫描、Web 应用扫描与监控、Web 应用防火墙（WAF）、安全咨询服务、评估加固和安全运维。

（5）360 企业安全，主要业务领域：防火墙、网络隔离、终端检测响应

---

❶　数据来源："安全牛"（国内专注信息安全且提供专业咨询的非盈利组织）的《中国网络安全企业 50 强（2017 年上半年）》。

EDR、Web 应用扫描与监控、云 WAF、移动 APP 安全、威胁情报、安全大数据分析(APT)、SOC 和 NGSOC，并提供渗透测试等服务。

(6)亚信安全，主要业务领域：统一威胁管理(UTM)、主机防护及自适应、终端防护 & 防病毒、终端检测响应 EDR、防垃圾邮件、云基础架构安全、移动终端安全、APT、反钓鱼、SOC 和 NGSOC。

(7)天融信，主要业务领域：防火墙、网络隔离、入侵检测/入侵防御、上网行为管理、VPN 以及评估加固和安全运维等服务。

(8)卫士通，主要业务领域：防火墙和 NGFW、入侵检测(IDS)/入侵防御(IPS)、VPN、磁盘加密、文档安全、加密机。

(9)新华三，主要业务领域：防火墙、统一威胁管理、入侵防御、Web 应用防火墙、网页防篡改、数据库审计、漏洞扫描、堡垒机、终端安全管理、应用控制网关、负载均衡、网闸、安全管理平台，并提供风险评估、渗透测试、安全咨询、应急响应等专业安全服务。

(10)安恒信息，主要业务领域：数据库安全、Web 应用扫描与监控、Web 应用防火墙、大数据分析(态势感知)、等级保护工具等。

2. 物理安全

保证计算机信息系统各种设备的物理安全(Physical Security)，也称实体安全，是整个计算机信息系统安全的前提。物理安全是保护计算机信息系统中的网络设备、设施及其他媒体，免遭地震、水灾、火灾等环境事故，以及人为操作失误、错误或者各种计算机犯罪行为导致的破坏的安全措施。物理安全主要包括以下三个方面：

(1)环境安全：对系统所在环境的安全保护，如区域保护和灾难保护。

(2)设备安全：主要包括设备的防盗、防毁、防电磁信息辐射泄露、防止线路截获、抗电磁干扰及电源保护等。

(3)媒体安全：包括媒体数据的安全及媒体本身的安全。

3. 系统安全

系统安全(System Security)主要由操作系统安全和数据库系统安全组成，如表 1-2 所示。

表 1-2　系统安全的组成

种　　类	内　　容
操作系统安全	反病毒
	系统安全检测
	入侵检测(监控)

（续）

种　类	内　容
操作系统安全	审计分析
数据库系统安全	数据库安全
	数据库管理系统安全

操作系统安全面临的威胁除设备部件故障外，还有以下几种情况：

（1）用户的误操作或不合理地使用了系统提供的命令，造成对资源不期望的处理。

（2）恶意用户设法获取非授权的资源访问权。

（3）恶意破坏系统资源或系统的正常运行。

（4）破坏资源的完整性与保密性。

（5）用户之间的相互干扰。

数据库系统安全面临的威胁主要有三类：

（1）非授权的信息泄露：未获授权的用户有意或无意得到信息。通过对授权访问的数据进行推导分析获取非授权的信息。

（2）非授权的数据修改：包括所有通过数据处理和修改而违反信息完整性的行为。但是非授权修改不一定会涉及非授权的信息泄露。

（3）拒绝服务：包括会影响用户访问数据或使用资源的行为。

4. 应用安全

应用安全（Application Security）是计算机应用程序面向用户使用过程中的安全，也就是需要从应用层面来考虑软件系统本身的安全问题，主要组成如表1-3所示。应用安全主要包含两方面：一是构建安全的应用软件，就是在软件的设计、开发、部署和维护中防止安全漏洞；二是保护软件的安全运行以及防范病毒对系统的威胁。

比较常见的安全威胁：软件输入数据的安全问题、访问权限的窃取、缓冲区溢出以及竞争状态。

表1-3　应用安全的组成

种　类	内　容
应用软件开发平台安全	各种编程语言平台安全
	程序本身的安全
应用系统安全	应用软件系统安全

5. 数据安全

数据安全(Data Security)存在着多个层次，如制度安全、技术安全、运算安全、存储安全、传输安全、产品和服务安全等。对于计算机数据安全来说，制度安全治标，技术安全治本，其他安全也是必不可少的环节。数据安全是计算机以及网络等学科的重要研究课题之一。它不仅关系到个人隐私、企业商业隐私，而且数据安全技术直接影响国家安全。

数据安全交换应满足交换进程可信性、交换数据可验证性和交换过程可控性。数据安全交换应满足的安全属性的具体解释如表1-4所示。

表1-4　安全属性的解释说明

安全属性	解释说明
可信性	是指负数据交换的专用交换进程行为是正常的、可预期的，没有受到破坏或攻击
可验证性	是指所交换的数据满足完整性、可认证性、不可伪装及不可抵赖性
可控性	是指在交换过程中，需要交换数据的双方不能进行直接交换，必须在第三方的控制下，在满足交换策略的情况下间接完成数据交换

6. 管理安全

管理安全(Administrative Security)包括安全技术和设备的管理、安全管理制度、部门与人员的组织规则等。管理的制度化极大程度地影响着整个网络的安全，严格的安全管理制度、明确的部门安全职责划分、合理的人员角色配置都可以在很大程度上降低其他层次的安全漏洞。

安全是一个整体，完整的安全解决方案不仅包括物理安全、网络安全、系统安全和应用安全手段，还需要以人为核心的策略和管理支持。"三分技术，七分管理"讲的就是网络安全至关重要的往往不是技术手段，而是对人的管理。

7. 网络运行安全

网络运行安全(Network Operation Security)是指为保障系统功能的安全实现，提供一套安全措施(如风险分析、审计跟踪、备份与恢复、应急等)来保护信息处理过程的安全。网络运营者应当按照网络安全等级保护制度的要求运营；网络产品、服务应当符合相关国家标准的强制性要求提供。网络关键设备和网络安全专用产品应当按照相关国家标准的强制性要求采购。

有关网络运行安全的一般规定具体见《中华人民共和国网络安全法》第三章网络运行安全。

8. 等级保护

等级保护（Hierarchical Protection）即信息安全等级保护，是对信息和信息载体按照重要性等级，分级别进行保护的一种工作，在中国、美国等很多国家都存在的一种信息安全领域的工作。在我国，信息安全等级保护广义上为涉及该工作的标准、产品、系统、信息等均依据等级保护思想的安全工作；狭义上一般指信息系统安全等级保护。信息安全等级保护工作包括定级、备案、安全建设和整改、信息安全等级测评、信息安全检查五个阶段。

通过等级保护工作可以了解信息系统的管理、网络和系统安全现状，确定可能对资产造成危害的威胁，确定威胁实施的可能性，对可能受到威胁影响的资产确定其价值、敏感性和严重性，以及相应的级别，确定哪些资产是最重要的，明确信息系统的已有安全措施的有效性，明晰信息系统的安全管理需求。

2007 年 6 月 22 日，公安部、国家保密局、国家密码管理局、国务院信息化工作办公室联合发布了《信息安全等级保护管理办法》（公通字〔2007〕43号），其中，信息系统的安全保护等级分为以下五级：

第一级，信息系统受到破坏后，会对公民、法人和其他组织的合法权益造成损害，但不损害国家安全、社会秩序和公共利益。第一级信息系统运营、使用单位应当依据国家有关管理规范和技术标准进行保护。

第二级，信息系统受到破坏后，会对公民、法人和其他组织的合法权益产生严重损害，或者对社会秩序和公共利益造成损害，但不损害国家安全。国家信息安全监管部门对该级信息系统安全等级保护工作进行指导。

第三级，信息系统受到破坏后，会对社会秩序和公共利益造成严重损害，或者对国家安全造成损害。国家信息安全监管部门对该级信息系统安全等级保护工作进行监督、检查。

第四级，信息系统受到破坏后，会对社会秩序和公共利益造成特别严重损害，或者对国家安全造成严重损害。国家信息安全监管部门对该级信息系统安全等级保护工作进行强制监督、检查。

第五级，信息系统受到破坏后，会对国家安全造成特别严重损害。国家信息安全监管部门对该级信息系统安全等级保护工作进行专门监督、检查。

依据《信息系统安全等级保护测评要求》等技术标准，信息系统运营、使用单位及其主管部门应当定期对信息系统安全等级状况开展等级测评。第三级信息系统应当每年至少进行一次等级测评，第四级信息系统应当每半年至少进行一次等级测评，第五级信息系统应当依据特殊安全需求进行等级测评。

9. 安全测评

安全测评（Safety Assessment）即信息安全等级保护测评工作，是指信息安全等级测评机构依据国家信息安全等级保护制度规定，按照有关管理规范和技术标准，对非涉及国家秘密信息系统安全等级保护状况进行检测评估的活动。信息安全等级保护测评工作是信息安全等级保护工作的重要环节，是专门机构针对信息系统开展的一种专业性、服务性的检测活动。

信息安全等级测评是验证信息系统是否满足相应安全保护等级的评估过程。信息安全等级保护要求不同安全等级的信息系统应具有不同的安全保护能力，一方面通过在安全技术和安全管理上选用与安全等级相适应的安全控制来实现；另一方面分布在信息系统中的安全技术和安全管理上不同的安全控制，通过连接、交互、依赖、协调、协同等相互关联关系，共同作用于信息系统的安全功能，使信息系统的整体安全功能与信息系统的结构以及安全控制间、层面间和区域间的相互关联关系密切相关。因此，信息安全等级测评在安全控制测评的基础上，还要包括系统整体测评。

10. 关键信息基础设施

关键信息基础设施（Critical Information Infrastructure），指的是面向公众提供网络信息服务或支撑能源、通信、金融、交通、水利、公共服务、电子政务、公用事业等重要行业运行的信息系统或工业控制系统，以及其他一旦遭到破坏、丧失功能或者数据泄露，可能严重危害国家安全、国计民生、公共利益的系统，对国家政治、经济、科技、社会、文化、国防、环境及人民生命财产造成严重损失的设施，这些设施将在网络安全等级保护制度的基础上，实行重点保护。

为加强网络关键设备和网络安全专用产品安全管理，依据《中华人民共和国网络安全法》，国家互联网信息办公室会同工业和信息化部、公安部、国家认证认可监督管理委员会等部门制定了《网络关键设备和网络安全专用产品目录（第一批）》，于2017年6月1日发布，并执行。国家互联网信息办公室关于《关键信息基础设施安全保护条例（征求意见稿）》于2017年7月面向社会公开征求意见。

11. 关键信息基础设施范围

（1）政府机关和能源、金融、交通、水利、卫生医疗、教育、社保、环境保护、公用事业等行业领域的单位。

（2）电信网、广播电视网、互联网等信息网络，以及提供云计算、大数据和其他大型公共信息网络服务的单位。

（3）国防科工、大型装备、化工、食品药品等行业领域科研生产单位。

（4）广播电台、电视台、通讯社等新闻单位。

（5）其他重点单位。

有关关键信息基础设施运行安全的规定具体见《中华人民共和国网络安全法》第三章网络运行安全。

12. 涉密信息系统

一个计算机信息系统是否属于涉密信息系统（The Classified Information System），主要是看其系统里面的信息是否有涉及国家秘密的信息，不论其中的涉密信息是多还是少，只要是有（即存储、处理或传输了涉密信息），这个信息系统就是涉密信息系统。

涉密信息系统是有一定的安全保密要求的，按照国家有关标准，涉密信息系统的建设需要达到较高的安全等级。但并非所有的涉密系统都是高安全等级的计算机信息系统；也并非所有的高安全等级的计算机信息系统都是涉密信息系统。例如，一些企业的计算机信息系统为保护其商业秘密而采取了许多安全保密技术和管理措施，达到了较高的安全等级，但由于其中没有涉及国家秘密的信息，就不能算是涉密信息系统；而有一些党政机关的涉密网，范围很小，只在一间或几间房内的若干台计算机联网，采取了较封闭的物理安全措施，与外界物理隔离，虽然没有采用更多的安全保密技术，系统安全等级并不是很高，但由于管理严密、安全可控，系统中又运行了国家秘密信息，这些系统就属于涉密信息系统。

13. ISO 安全体系结构标准

OSI（Open System Interconnection），意为开放式系统互联模型，是国际标准化组织（ISO）编制的一种分层的网络体系结构模型。信息安全体系结构 ISO 于 1988 年发布了 OSI 安全体系结构标准——ISO 7498-2，作为 OSI 基本参考模型的新补充。1990 年，国际电信联盟（ITU）决定采用 ISO 7498-2 作为它的 X.800 推荐标准。

ISO 安全体系定义了安全服务、安全机制、安全管理及有关安全方面的其他问题。此外，它还定义了各种安全机制以及安全服务在 OSI 中的层位置。OSI 定义了 11 种威胁，如伪装、非法连接和非授权访问等。ISO 安全体系结构标准（ISO Security Architecture Standards）如图 1-1 所示。

14. IP 地址

IP（Internet Protocol，网络之间互连的协议），即为计算机网络相互连接进行通信而设计的协议。在互联网中，它是能使连接到网络中的所有计算机实

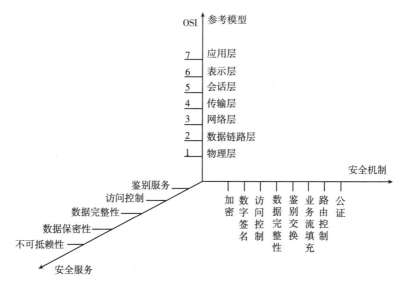

图 1-1 安全体系结构标准 ISO 7498-2

现相互通信的一套规则。任何厂家生产的计算机系统，只要遵守 IP 协议就可以进行互联互通。

IP 地址(IP Address)用于给网络中的计算机进行编号，IP 地址是计算机在网络中的唯一标识。我们可以把"个人 PC"比作"一台电话"，那么"IP 地址"就相当于"电话号码"。

IP 地址是全球唯一的，它由两个部分组成：网络部分和主机部分。其实互联网是一个唯一寻址的网络集合，集合中的每个网络包含一定数量的唯一寻址的主机。在 IP 协议的第 4 版(IPv4)中，IP 地址是一个 32 位的二进制数，通常被分割为 4 个"8 位二进制数"。IP 地址通常用"点分十进制"表示成(a. b. c. d)的形式，其中，a，b，c，d 都是 0~255 之间的十进制整数。例：点分十进制 IP 地址(100. 4. 5. 6)实际上是 32 位二进制数(01100100. 00000100. 00000101. 00000110)。

当刚开始使用 IP 协议时，整个网络上的计算机设备数量很少。地址空间分配方法是先来先分配，地址的网络部分则按照申请机构来分配，然后再分配地址空间的主机部分。图 1-2 显示了两个网络及其网络和主机的地址的 IP 地址分配。

15. 域名系统(DNS)

域名是由一串用点分隔的名字组成的网络上某一台计算机或计算机组的名称，用于在数据传输时标识计算机的电子位置。域名通常情况下就是大家所说的网址，为了解决 IP 地址不方便记忆的问题而产生，域名可以简单地理

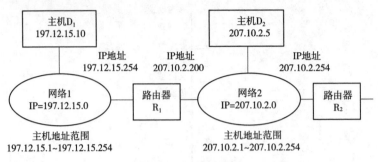

图1-2　IP 地址举例

解为 IP 地址的别名。

域名系统(Domain Name System, DNS)是因特网的一项核心服务,它作为可以将域名和 IP 地址相互映射的一个分布式数据库,能够使人更方便地访问互联网,而不用去记住能够被机器直接读取的 IP 地址。

把名字翻译成 IP 地址,把 IP 地址翻译成名字,这个转换是由 DNS 服务器的应用完成的,如在浏览器地址栏中输入 www. baidu. com,域名系统会将该名称翻译为百度主机地址 61. 135. 169. 125 进而完成访问。目前,几乎所有互联网上的应用是使用域名而不是 IP 地址命名,这使得从域名到 IP 地址的转换过程成为攻击者的首要目标,如果攻击者能够向客户端提供错误答案,他就能够欺骗客户端去访问错误的 IP 地址。

16. 传输控制协议/网际协议(TCP/IP)

传输控制协议/网际协议(Transmission Control Protocol/Internet Protocol, TCP/IP)是一个协议集合,规定了网络中数据传输的规则。TCP/IP 协议族中有一个重要的概念是分层,TCP/IP 协议按照层次分为以下四层:数据链路层、网络层、传输层、应用层,如表1-5 所示。

表1-5　TCP/IP 的组成

TCP/IP 四层	各层内容
数据链路层	用来处理连接网络的硬件部分,包括控制操作系统、硬件的设备驱动、NIC(Network Interface Card,网络适配器,即网卡),及光纤等物理可见部分(还包括连接器等一切传输媒介);硬件上的范畴均在链路层的作用范围之内
网络层	网络层用来处理在网络上流动的数据包;数据包是网络传输的最小数据单位;该层规定了通过怎样的路径(所谓的传输路线)到达对方计算机,并把数据包传送给对方与对方计算机之间通过多台计算机或网络设备进行传输时,网络层所起的作用就是从众多的选项内选择一条传输路线

（续）

TCP/IP 四层	各层内容
传输层	TCP（Transmission Control Protocol，传输控制协议） UDP（User Data Protocol，用户数据报协议）
应用层	FTP（File Transfer Protocol，文件传输协议） DNS（Domain Name System，域名系统） HTTP（Hypertext Transfer Protocol，超文本传输协议）

17. 网络服务提供者（ISP）

网络服务提供者（Internet Service Provider，ISP）是指通过信息网络向公众提供信息或者为获取网络信息等目的提供服务的机构，包括网络上的一切提供设施、信息和中介、接入等技术服务的个人用户、网络服务商以及非营利组织。根据其提供的"服务"不同，网络服务提供者具体可以分为网络接入服务提供者（如联通、电信等）、网络平台服务提供者（如天涯、百度贴吧等论坛）、网络内容及产品服务提供者（如优酷、腾讯等内容提供商）。

18. 广域网、局域网、城域网

广域网（Wide Area Network，WAN）是在一个广泛地理范围内所建立的计算机通信网，其范围可以超越城市和国家以至全球，因而对通信的要求及复杂性都比较高。WAN由通信子网与资源子网两个部分组成：通信子网实际上是一数据网，可以是一个专用网（交换网或非交换网）或一个公用网（交换网）；资源子系统是连在网上的各种计算机、终端、数据库等。这不仅指硬件，也包括软件和数据资源。

局域网（Local Area Network，LAN）是在一个局部的地理范围内（如一个学校、工厂和机关内），将各种计算机、外部设备和数据库等互相连接起来组成的计算机通信网，简称LAN。它可以通过数据通信网或专用数据电路，与远方的局域网、数据库或处理中心相连接，构成一个大范围的信息处理系统。

城域网（MetropolitanAreaNetwork，MAN），基本上是一种大型的LAN，通常使用于LAN相似的技术。它可以覆盖一组邻近的公司办公室和一个城市，既可能是私有的也可能是公用的。MAN可以支持数据和声音，并且可能涉及当地的有线电视网。MAN仅使用一条或两条电缆，并且不包含交换单元，即把分组分流到几条可能的引出电缆的设备。这样做可以简化设计。局域网、城域网与广域网的区别如表1-6所示。

表 1-6　局域网、城域网与广域网的区别

属　性	类　型		
	局域网（LAN）	城域网（MAN）	广域网（WAN）
英文名称	Local Area Network	Metropolitan Area Network	Wide Area Network
覆盖范围	10 公里以内	10~100 公里	几百到几千公里
协议标准	IEEE802.3	IEEE802.6	IMP
结构特征	物理层	数据链路层	网络层
典型设备	集线器	交换机	路由器
终端组成	计算机	计算机或局域网	计算机、局域网、城域网
特点	连接范围窄、用户数少、配置简单	实质上是一个大型的局域网，传输速率高，技术先进、安全	主要提供面向通信的服务，覆盖范围广，通信的距离远，技术复杂

19. 端口

端口（Port）是设备与外界通信交流的出口。相当于一种数据的传输通道。用于接受某些数据，然后传输给相应的服务，而计算机将这些数据处理后，再将相应的恢复通过开启的端口传给对方。一般每一个端口开放，对应了相应的服务，要关闭这些端口只需要将对应的服务关闭就可以了。端口可分为虚拟端口和物理端口，其中虚拟端口指计算机内部或交换机路由器内的端口，是不可见端口。例如，计算机中的 Web 服务使用的 80 端口、FTP 文件传输服务使用的 21 端口、23 端口等。物理端口又称为接口，是可见端口，如计算机背板的 RJ45 网口，交换机、路由器、集线器等 RJ45 端口。电话使用 RJ11 插口也属于物理端口的范畴。

端口也是入侵的一个重要环节，入侵者通常会用扫描器对目标主机的端口进行扫描，以确定哪些端口是开放的，从开放的端口，入侵者可以知道目标主机大致提供了哪些服务，进而猜测可能存在的漏洞，因此对端口的扫描可以帮助我们更好地了解目标主机，而对于管理员，扫描本机的开放端口也是做好安全防范的第一步，如通过关闭 445 端口阻止比特币勒索病毒永恒之蓝的入侵。

20. 远程登录

远程登录（Telnet）是指用户使用 Telnet 命令，使自己的计算机暂时成为远程主机的一个仿真终端的过程。仿真终端等效于一个非智能的机器，它只负责把用户输入的每个字符传递给主机，再将主机输出的每个信息回显在屏幕上。Telnet 是进行远程登录的标准协议和主要方式，它为用户提供了在本地计

算机上完成远程主机工作的能力。通过使用 Telnet 远程登录，Internet 用户可以与全世界许多信息中心图书馆及其他信息资源联系。简言之，远程登录即利用本地计算机，通过网络对物理上相隔的远程计算机进行操作。例如，Windows 操作系统的"远程桌面连接"就是远程登录功能，常用的远程登录软件还有 QQ、TeamViewer、AnyDesk 等，如图 1-3 所示。

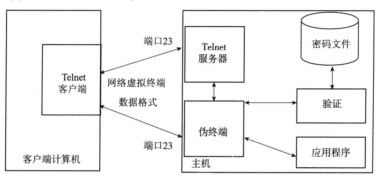

图 1-3　Telnet 服务程序结构

21. 公网

公网（Public Network），即国际互联网（Internet），它是把全球不同位置、不同规模的计算机网络（包括局域网、城域网、广域网）相互连接在一起所形成的计算机网络的集合体。我们通常所浏览的 WWW 站点、FTP 站点以及沟通时所采用的即时通讯软件均属于服务在 Internet（公网）的应用程序，因此也称它们为"网络应用程序"。

公网就是普通电路交换网，即现在的联通、电信、铁通等架设的骨干及分支网络。有些学校或大型的机关单位虽然分配公网 IP 给用户，但学校或单位为了安全起见，会封闭校外对校内的访问请求。这部分用户虽然有公网 IP 地址，但依然要用内网动态域名来建网站。

公网是相对于内网而言的。内网上网的计算机得到的 IP 地址是 Internet 上的保留地址（10. x. x. x、172. 16. x. x 至 172. 31. x. x、192. 168. x. x）。而公网上网的计算机得到的 IP 地址是因特网的公用地址，是非保留的地址。公网的计算机和因特网上的其他计算机可随意互相访问。

22. 内网

内网（Intranet）就是局域网，网吧、校园网、单位办公网都属于此类。

内网接入方式是上网的计算机得到的 IP 地址是 Internet 上的保留地址，保留地址有如下三种形式：10. x. x. x 、172. 16. x. x 至 172. 31. x. x 、192. 168. x. x。

内网的计算机以 NAT（网络地址转换）协议，通过一个公共的网关访问

Internet。内网的计算机可向 Internet 上的其他计算机发送连接请求，但 Internet 上其他的计算机无法向内网的计算机发送连接请求。

逻辑隔离器也是一种不同网络间的隔离部件，被隔离的两端仍然存在物理上数据通道连线，但通过技术手段保证被隔离的两端没有数据通道，即逻辑上隔离。一般使用协议转换、数据格式剥离和数据流控制的方法，在两个逻辑隔离区域中传输数据。并且传输的方向是可控状态下的单向，不能在两个网络之间直接进行数据交换。

逻辑内网实际上是在物理网络和逻辑网络之间相互连接。

23. 物理内网

物理网络是通过网络设备（如网线、路由器、交换机、转换器等）联系起来的网络，如校园网、单位办公网等都属于此类。物理内网（The Physical Network），一般指不与国际互联网（Internet）相连接的物理网络或局域网。另外，光纤到楼、小区宽带、教育网、有线电视上网虽然地域范围比较大但本质上还是基于以太网技术，仍然属于内网。物理内网的 IP 地址通常情况下以 192 或 10 开头。物理隔离器是一种不同网络间的隔离部件，通过物理隔离的方式使两个网络在物理连线上完全隔离，且没有任何公用的存储信息，保证计算机的数据在网际间不被重用。一般采用电源切换的手段，使得所隔离的区域始终处在互不同时通电的状态下（对硬盘、软驱、光驱，也可通过在物理上控制 IDE 线实现）。被隔离的两端永远无法通过隔离部件交换信息。

24. 万维网

万维网（WWW，W3，英文全称为 World Wide Web），中文名字为"万维网""环球信息网"等，常简称为 Web。

分为 Web 客户端和 Web 服务器程序。WWW 可以让 Web 客户端（常用浏览器）访问浏览 Web 服务器上的页面。它是一个由许多互相链接的超文本组成的系统，通过互联网访问。在这个系统中，每个有用的事物，称为一样"资源"；并且由一个全局"统一资源标识符"（URI）标识；这些资源通过超文本传输协议（Hypertext Transfer Protocol）传送给用户，而后者通过点击链接来获得资源。

万维网并不等同互联网，万维网只是互联网所能提供的服务其中之一，是靠着互联网运行的一项服务。

25. 网络空间

网络空间（Cyberspace）是通过计算机网络实现信息存储、共享及在线通信。网络空间首先构造了一个信息环境。它包括了数据的创建、存储及更为重要的分享。这意味它不仅仅是一个物理环境，因此它可以没有任何物理尺寸。但网络空间不是虚拟的，它包括用于数据存储和流动的计算机系统。它包括联网的计算机、封闭的局域网、蜂窝技术、光纤电缆及通信网络。网络空间是一种人造的电磁空间，其以互联网、各种通信系统与电信网、各种传播系统与广电网、各种计算机系统、各类关键工业设施中的嵌入式处理器和控制器等信息通信技术基础设施为载体，用户通过在其上对数据进行创造、存储、改变、传输、使用、展示等操作，以实现特定的信息通信技术活动。在这个定义中，"载体""数据"是在技术层面反映出"Cyber"的属性；"用户""操作"是在社会层面反映出"Space"的属性。网络空间四要素：网络空间载体(设施)；网络空间资源(数据)；网络活动主体(用户)；网络活动形式(操作)。

网络空间也包括计算机背后的人及他们的社会行为。一个很关键的因素是网络空间的系统和技术都是人创造出来的。因此，网络空间是由物理和数字组成的认知空间，能够表示网络空间的所有内部结构，包括网络空间的某个部分的拥有者和使用者。

网络空间安全涉及信息保密、网络安全、移动网络安全、电信网安全、可信计算、云安全、大数据安全、物联网安全、广电网安全、信息战、舆论安全、在线社交网络、工控安全、传感网安全、智能设备、支付安全、GPS等多个领域。既要防止、保护包括互联网、各种电信网与通信系统、各种传播系统与广电网、各种计算机系统、各类关键工业设施中的嵌入式处理器和控制器等在内的信息通信技术系统及其所承载的数据免受攻击；也要防止、应对运用或滥用这些信息通信技术系统而波及政治安全、经济安全、文化安全、社会安全、国防安全等情况的发生。针对上述风险，需要采取法律、管理、技术、自律等综合手段来进行应对，确保信息通信技术系统及其所承载数据的机密性、可鉴别性(包括完整性、真实性、不可抵赖性)、可用性、可控性得到保障。

网络空间成为继陆地、海洋、天空、宇宙之外的第五空间。

26. 网络犯罪

网络犯罪(Cyber Crime)是指行为人运用计算机技术，借助于网络对信息系统或信息进行攻击，破坏或利用网络进行其他犯罪的总称。

现有的关于网络犯罪的描述，大体可归纳为三种类型：一是通过网络以其为工具进行各种犯罪活动；二是攻击网络以其为目标进行的犯罪活动；三是使用网络以其为获利来源的犯罪活动。

第一种以网络为犯罪手段，视其为工具，可以称其为网络工具犯。另外两种类型均以网络为行为对象，称其为网络对象犯。它包含着以网络为获利来源的犯罪行为和以网络为侵害对象的犯罪行为，分别称为网络用益犯和网络侵害犯。

27. 网络武器

进入信息时代，计算机网络正在以前所未有的速度向全球的各个角落辐射，其触角伸向了社会的各个领域，军事领域也不例外，以计算机为核心的信息网络已经成为现代军队的神经中枢。正是因为信息网络的这种重要性，决定了信息网络成为了信息战争的重点攻击对象。在这种情况下，一种利用计算机及网络技术进行的新的作战"武器"——网络武器(Cyber Weapons)开始出现。

主要的类型有计算机病毒武器、高能电磁脉冲武器、网络嗅探和信息攻击技术、微波炸弹。

28. 网络战争

网络战争(Cyber War)是指以电脑为主的辅以现代高科技产品为主要攻击设备，在战时对敌方电脑网络进行攻击、入侵等，以达到控制敌方网络从而进行对其基础设施，如通信、电路、航空、导航等进行干扰及破坏，从而达到不战而胜或削弱敌方战斗力的战争方式。网络战争是现代战争中不可忽视和缺少的战争方式！

网络战也称信息战，有三种做战行动方式：

一是网络盗窃战，即找到对方网络漏洞，破解文件密码，盗出机密信息。

二是网络舆论战，即通过媒体网络，编造谎言、制造恐慌和分裂，破坏对方民心士气。

三是网络摧毁战，即运用各种"软""硬"网络攻击武器，进行饱和式攻击，摧毁对方政府、军队的信息网络。

29. 网络安全恢复能力

"恢复能力"就是适应恶劣条件并恢复。网络安全恢复能力(Network Security Recovery Ability)就是在网络安全领域，从系统和组织等方面考虑恢复能力。具备恢复能力的系统和组织应当时刻做好应对攻击的准备，在受攻击时，能够保持某些特性和一定的控制力。安全专家丹·吉尔用"入侵容忍"来形容："我们必须假设，入侵现在已经发生并且未来也将继续发生。针对入侵产生的直接影响，我们必须设法使得对破坏的承受能力达到最大化，无论入侵者制造了哪些破坏，系统仍可以尽可能继续正常运行。"

网络安全恢复能力三大要素：一是建立在恶化情境下的工作能力；二是具备恢复能力的系统必须迅速恢复；三是要吸取经验教训并更好地应对未来的威胁。

30. 应急处置

应急处置(Emergency Handling)是指当发生网络与信息安全事件时，所采取的应对措施。首先应区分事件性质，然后再根据不同情况分别进行处置。

(1)根据事件性质，网络与信息安全事件可划分为以下三类：

一是自然灾害(A类事件)，指地震、雷电、火灾、洪水等灾害引起的计算机网络与信息系统的损坏。

二是事故损毁(B类事件)，指电力中断、网络损坏或是软件、硬件设备故障等引起的计算机网络与信息系统的损坏。

三是人为破坏(C类事件)，指人为破坏网络线路、通信设施，黑客攻击、病毒攻击、恐怖袭击等引起的计算机网络与信息系统的损坏。

(2)针对上述各类事件的处置办法有：

一是属A类事件时，应根据实际情况，在保障人身安全的前提下，首先保障数据安全，然后再保障设备安全(包括硬盘拔出与保存、设备断电与拆卸、搬迁设备等)。

二是属B类事件时，应迅速分析故障特征，查明原因，若市政府信息中心不能独立处理，必须立刻通知相关单位(供电局、网络运营商、软硬件产品维护单位等)，立刻组织人员进行系统修复。

三是属C类事件时，应首先判断破坏来源与性质，然后断开影响安全的网络设备，断开与破坏来源的网络连接，跟踪并锁定破坏来源IP地址或其他用户信息，修复被破坏的信息，恢复信息系统。

31. 数据备份

数据备份(Data Backup)是指为防止系统出现操作失误或系统故障导致数据丢失，而将全部或部分数据集合从应用主机的硬盘或阵列复制到其他的存储介质的过程。传统的数据备份主要是采用内置或外置的磁带机进行冷备份。但是这种方式只能防止操作失误等人为故障，而且其恢复时间也很长。随着信息技术的不断发展，数据的海量增加，不少用户开始采用网络备份。网络备份一般通过专业的数据存储管理软件结合相应的硬件和存储设备来实现。

32. 异地容灾

异地容灾(Remote Disaster Tolerance)是指在不同的地域，构建一套或多套相同的应用或者数据库，以发挥在各类灾难后立刻接管的作用。随着用户规模的扩展，用户原有意识中的数据备份已经无法满足关键业务对系统的可用性、实时性、安全性的需要。更重要的是备份的数据往往会因为各种因素而遭到毁坏，如地震、火灾、丢失等。异地容灾可通过在不同地点建立备份系统，从而进一步提高数据抵抗各种可能安全因素的容灾能力。

33. 差距分析

差距分析（Gap Analysis）是指在信息系统安全等级保护评测中，基于国家信息系统安全等级保护的基本要求，从物理、网络、主机、应用、数据、制度、机构、人员、建设、运维共 10 个方面，对信息系统进行全面的安全评估，了解信息系统的安全现状，找出现状与相应保护等级要求之间的差距，明确不满足项并提出对应的整改建议。

由于不同等级的要求存在差异，所以针对不同等级的差距分析，工作量也存在差异。目前，应用系统大多定为二级或三级，等级越高，工作量越大。通过差距分析，可以了解信息系统的现状，确定当前系统与信息安全等级保护级别规范相应保护等级要求之间的差距，确定不符合安全项。

34. 风险评估

风险评估（Risk Assessment）就是量化评判安全事件带来的影响或损失的可能程度。从信息安全的角度来讲，风险评估是对信息资产所面临的威胁、存在的弱点、造成的影响，以及三者综合作用所带来风险的可能性的评估。作为风险管理的基础，风险评估是组织确定信息安全需求的一个重要途径，属于组织信息安全管理体系策划的过程。

风险评估的主要任务包括：识别组织面临的各种风险；评估风险概率和可能带来的负面影响；确定组织承受风险的能力；确定风险消减和控制的优先等级；推荐风险消减的对策。

35. 秘密载体

国家秘密载体，简称秘密载体（Stealth），是指以文字、数据、符号、图形、图像、声音等方式记载国家秘密信息的纸介质、磁介质、光盘等各类物品。磁介质载体包括计算机硬盘、软盘和录音带、录像带等。

2001 年 1 月 1 日中央、国务院颁布《中共中央保密委员会办公室、国家保密局关于国家秘密载体保密管理的规定》。该规定第四条指出秘密载体的保密管理，遵循严格管理、严密防范、确保安全、方便工作的原则。

在涉密载体进行淘汰、弃置、转赠时，为防止涉密数据泄密，必须将涉密存储载体进行严格的脱密处理。常用的脱密方式包括数据擦除、盘体消磁和物理销毁几种。

脱密（Decryption）：指本来被加密计算机文档被重新解密。对文件一般有两种脱密形式：一是将涉密的内容去掉后，文件进行传递；二是文件过了涉密期后，自然脱密。

36. 密级与标志

国家秘密的密级(the Secret Level)即国家秘密的等级。它是指根据国家秘密具体范围内的事项与国家安全和利益的关系程度，或者一旦泄露可能给国家安全和利益造成的不同损害程度而作出的等级划分。2010年新修订的《中华人民共和国保守国家秘密法》第十条将国家秘密的等级分为"绝密""机密""秘密"三级，并原则规定了区分三个等级的标准："绝密"是最重要的国家秘密，泄露后会使国家的安全和利益遭受特别严重的损害；"机密"是重要的国家秘密，泄露后会使国家的安全和利益遭受严重损害；"秘密"是一般的国家秘密，泄露后会使国家的安全和利益遭受损害。

国家秘密标志(State Secret Sign)是指标注在国家秘密载体上，表明其内容属于国家秘密事项的专用记号。《中华人民共和国保守国家秘密法》第十七条第一款规定："机关、单位对承载国家秘密的纸介质、光介质、电磁介质等载体以及属于国家秘密的设备、产品，应当作出国家秘密标志。"

国家秘密标志由标识、密级、保密期限三部分组成，即"密级★保密期限"。书面形式的密件，应在封面(或者页首)的左上角标注国家秘密标志。此外，还可以直接在其中有国家秘密内容的段落之前作出标志或以文字知名某段某行是国家秘密；地图、图纸、图表等图文资料标注在标题之后或标题下方；非书面形式的密件标注在能够明显识别的位置，有外包装的密件，还应当在包装上显著位置作出标识；存储有国家秘密信息的存储媒体如计算机软盘、光盘等，应在正面标注国家秘密标志；媒体中存储的国家秘密电子信息，应当在涉密电子信息可视状态首页左上方作出明显的国家秘密标志；文件、资料汇编中收录有国家秘密密件的，应当在汇编的封面左上角以其中最高密级、最长保密期限作出标志，并在其中每个独立的密件首页左上角作出标志。

37. 定密

定密(Set the Secret)，是指定密责任人依据法定的权限、标准、程序，经评估、判断，对特定的信息是否属于国家秘密而进行认定的行为，包括国家秘密的确定、变更和解除。

国家秘密的定密制度，则是指以定密责任人为核心，以定密程序为框架，以机关、单位定密义务为内容的依法确定、变更和解除国家秘密的法律制度。

2014年1月17日公布《中华人民共和国保守国家秘密法实施条例》，自2014年3月1日起施行，共六章四十五条。

为加强国家秘密定密管理，规范定密行为，2014年3月9日，出台了《国家秘密定密管理暂行规定》。涉密信息系统建设使用单位应当依据涉密信息系统分级保护管理规范和技术标准，按照秘密、机密、绝密三级的不同要求，结合系统实际进行方案设计，实施分级保护，其保护水平总体上不低于国家信息安全等级保护第三级、第四级、第五级的水平。

38. 蜜罐

蜜罐（Honeypot）是一个陷阱系统，它通过设置一个具有很多漏洞的系统吸引黑客入侵，收集入侵者信息，为其他安全技术提供更多的知识。蜜罐采用监视器和事件日志两个工具对访问蜜罐系统的行为进行监控。由于蜜罐是一个很具有诱惑力的系统，能够分散黑客的注意力和精力，所以对真正的网络资源起到保护作用。

39. 密码技术

在我国长期的信息安全保密技术发展过程中，密码技术（Cryptography）一直是最为基础，也是最为核心的技术环节。根据我国的国家整体信息安全战略，密码技术是我国整体信息安全保障体系的支撑，也是信息安全保密中的基础技术。

密码学是一门具有悠久历史的科学领域，其主要研究内容是对于通信的信息保密性保护。通过对于传输信息的加密，使得仅有参与通信的各方可以获知信息，而对于任何非法窃听者无法知悉通信内容。

国家将密码分为三个等级：核密、普密和商密。其中，核密最高，普密次之，商密最低。核密指国家党政领导人及绝密单位的安全级别，此领域不存在任何商务行为。普密是指国家党政军机关的信息安全级别，此领域安全设备由国家指定的五家研究机构负责研制。商用密码是指对不涉及国家秘密内容的信息进行加密保护或者安全认证所使用的密码技术和密码产品。

40. 密钥

密钥（Secret Key）是一种参数，它是在明文转换为密文或将密文转换为明文的算法中输入的参数。密钥分为对称密钥与非对称密钥。

密码学中，密钥——秘密的钥匙；私钥（Private Key）——私有的钥匙；公钥（Public Key）——公开的钥匙。

41. 访问控制

访问控制（Access Control）模型是一种从访问控制的角度出发，描述安全系统，建立安全模型的方法。

访问控制是指主体依据某些控制策略或权限对客体本身或是其资源进行的不同授权访问。访问控制包括三个要素，即主体、客体和控制策略。

主体（Subject）是指一个提出请求或要求的实体，可以对其他实体施加动作，是动作的发起者，但不一定是动作的执行者，简记为 S，有时也称为用户

(User)或访问者(被授权使用计算机的人员),简记为 U。主体的含义是广泛的,可以是用户或其他任何代理用户行为的实体,如用户所在的组织(简称用户组)、用户本身,或者用户使用的计算机终端、卡机、手持终端(无线)等,甚至可以是应用服务程序或进程。这里规定实体(Entity)表示一个计算机资源(物理设备、数据文件、内存或进程)或一个合法用户。

客体(Object)是接受其他实体访问的被动实体,简记为 O。客体的概念也很广泛,凡是可以被操作的信息、资源、对象都可以认为是客体。在信息社会中,客体可以是信息、文件、记录等的集合体,也可以是网络上的硬件设施,无线通信中的终端,甚至一个客体可以包含另外一个客体。

控制策略(Control Strategy)是主体对客体的操作行为集和约束条件集。简单讲,控制策略是主体对客体的访问规则集,这个规则集直接定义了主体对客体的作用行为和客体对主体的条件约束。访问策略体现了一种授权行为,也就是客体对主体的权限允许,这种允许不超越规则集。

42. 安全监控

所谓安全监控(Security Monitoring)指的是通过安全策略对受控计算机的移动存储设备使用、外部设备连接以及网络连接进行监控,防止各类非法操作。常见的安全监控包括设备安全监控和网络端口安全监控。

设备安全监控完成对于信息系统常见的存储设备、外接设备等进行监控,常见的功能包括:对软盘、光盘、USB 盘和活动硬盘等移动存储介质的监控;对打印机、扫描仪的监控;拨号行为监控;非法主机介入监控;非法安装软件监控;非法进程、服务运行监控;登录事件监控等。

网络端口安全监控又可以分为常见网络端口监控和其他网络端口监控。常见网络端口监控一般对应到常见的网络协议,通常包括:HTTP 协议监控、FTP 协议监控、Telnet 协议监控、SMTP 协议监控和 POP3 协议监控等。

43. 安全审计

安全审计(Security Audit)指经过对事件的检测、记录和分析,协助判断是否存在安全违规和误用资源事件发生。常见的安全审计包括:

网络审计:包括 HTTP 审计、Telnet 审计、邮件服务审计、FTP 审计、流量审计和端口连接审计。

主机审计:包括基本信息审计、文件与目录操作审计、账户审计、外部设备使用审计、主机网络访问行为审计和主机拨号连接审计。

数据库审计:包括数据库直接访问审计、数据库网络访问审计、应用审计、综合审计、分级审计、强审计等。

44. 弱口令

弱口令(Weak Password)没有严格和准确的定义，通常认为容易被他人猜测到或被破解工具破解的口令均为弱口令。弱口令指的是仅包含简单数字和字母的口令，如"123""abc"等，因为这样的口令很容易被别人破解，从而使用户的计算机或系统面临风险，因此不推荐用户使用。

与弱口令相对应的是安全口令，通常安全口令有以下要求：

(1)不使用空口令或系统缺省的口令，因为这些口令众所周知，为典型的弱口令。

(2)口令长度不小于 8 个字符。

(3)口令不应该为连续的某个字符(例如：AAAAAAAA)或重复某些字符的组合(例如：ABCDABCD)。

(4)口令应该为以下四类字符的组合，大写字母(A~Z)、小写字母(a~z)、数字(0~9)和特殊字符。每类字符至少包含一个。如果某类字符只包含一个，那么该字符不应为首字符或尾字符。

(5)口令中不应包含本人、父母、子女和配偶的姓名和出生日期、纪念日期、登录名、E-mail 地址等与本人有关的信息，以及字典中的单词。

(6)口令不应该为用数字或符号代替某些字母的单词。

(7)口令应该易记且可快速输入，防止他人从身后看到你的输入。

(8)至少 90 天内更换一次口令，防止未被发现的入侵者继续使用该口令。

小知识：如何做好口令保护？

防范入侵的前线是口令系统。口令用于验证登录用户的身份标识。应当建立用户账号管理，设置对文件、目录、打印机和其他资源的访问权限，加强口令管理(如设置生效期等)和检查，避免使用公共账号，教育用户保管好口令并避免使用过于简单的口令。保护口令的一种方法是口令加密，就是为一进步防止口令泄露，口令在系统中保存时，以加密的形式存放。阻止口令攻击的另一种方法是拒绝入侵者访问口令文件，如果只有一个特权用户能够访问口令文件的加密部分，那么入侵者如果不知道该用户的口令，就无法读取它。

---

45. 黑客与红客

黑客，源自英文 Hacker，最初指热心于计算机技术、水平高超的电脑专家，尤其是程序设计人员，逐渐区分为白帽子、灰帽子、黑帽子等。

(1)白帽子，也称白帽黑客、白帽子黑客，是指专门研究或者从事网络、计算机技术防御的人，他们通常受雇于各大公司，是维护世界网络、计算机安全的主要力量。很多白帽子还受雇于公司，对产品进行模拟黑客攻击，以检测产品的可靠性。

（2）灰帽子，也称灰帽黑客、灰帽子黑客，是指懂得技术防御原理，并且有实力突破这些防御的黑客——虽然一般情况下他们不会这样去做。与白帽子和黑帽子不同的是，尽管他们的技术实力往往要超过绝大部分白帽子和黑帽子，但灰帽子通常并不受雇于那些大型企业，他们往往将黑客行为作为一种业余爱好或者是义务来做，希望通过他们的黑客行为来警告一些网络或者系统漏洞，以达到警示别人的目的，因此，他们的行为没有丝毫恶意。

（3）黑帽子，也称黑帽黑客、黑帽子黑客，是指专门研究病毒木马、研究操作系统，寻找漏洞，并且以个人意志为出发点，攻击网络或者计算机的人。

红客（Honker）是指维护国家利益，不利用网络技术入侵自己国家计算机，而是"维护正义，为自己国家争光的黑客"。红客是一种精神，它是一种热爱祖国、坚持正义、开拓进取的精神。所以，只要具备这种精神并热爱着计算机技术的都可称为红客。红客通常会利用自己掌握的技术去维护国内网络的安全，并对外来的进攻进行还击。

46. 计算机病毒

计算机病毒（Computer Virus）在《中华人民共和国计算机信息系统安全保护条例》中被明确定义，病毒指"编制者在计算机程序中插入的破坏计算机功能或者破坏数据，影响计算机使用并且能够自我复制的一组计算机指令或者程序代码"。计算机病毒具有传播性、隐蔽性、感染性、潜伏性、可激发性、表现性或破坏性。目前，全球已有的计算机病毒 7 万余种。计算机病毒与医学上的"病毒"不同，计算机病毒不是天然存在的，是人利用计算机软件和硬件所固有的脆弱性编制的一组指令集或程序代码。它能潜伏在计算机的存储介质（或程序）里，条件满足时即被激活，通过修改其他程序的方法将自己的精确拷贝或者可能演化的形式放入其他程序中。从而感染其他程序，对计算机资源进行破坏，所谓的病毒就是人为造成的，对其他用户的危害性很大。

计算机病毒作为一种特殊的程序具有以下特征：

（1）非授权可执行性。计算机病毒隐藏在合法的程序或数据中，当用户运行正常程序时，病毒伺机窃取到系统的控制权，得以抢先运行，然而此时用户还认为在执行正常程序。

（2）隐蔽性。计算机病毒是一种具有很高编程技巧、短小精悍的可执行程序，它通常总是想方设法隐藏自身，防止用户察觉。

（3）传染性。传染性是计算机病毒最重要的一个特征，病毒程序一旦侵入计算机系统就通过自我复制迅速传播。

(4)潜伏性。计算机病毒具有依附于其他媒体而寄生的能力，这种媒体我们称之为计算机病毒的宿主。依靠病毒的寄生能力，病毒可以悄悄隐藏起来，然后在用户不察觉的情况下进行传染。

(5)表现性或破坏性。无论何种病毒程序一旦侵入系统都会对操作系统的运行造成不同程度的影响。即使不直接产生破坏作用的病毒程序也要占用系统资源。而绝大多数病毒程序要显示一些文字或图像，影响系统的正常运行，还有一些病毒程序删除文件，甚至摧毁整个系统和数据，使之无法恢复，造成无可挽回的损失。

(6)可触发性。计算机病毒一般都有一个或者几个触发条件。这些条件可能是时间、日期、文件类型或某些特定的数据等。触发的实质是一种条件的控制，病毒程序可以依据设计者的要求，在一定条件下实施攻击。这个条件可以是敲入特定字符，某个特定日期或特定时刻，或者是病毒内置的计数器达到一定次数等。

47. 文件型病毒

文件型病毒(File Virus)是计算机病毒的一种，主要通过感染计算机中的可执行文件(.exe)和命令文件(.com)。文件型病毒是对计算机的源文件进行修改，使其成为新的带毒文件。一旦计算机运行该文件就会被感染，从而达到传播的目的。

小知识：什么是网络蠕虫和特洛伊木马程序？

1988 年一个由美国 CORNELL 大学研究生莫里斯编写的蠕虫病毒蔓延造成了数千台计算机停机，蠕虫病毒开始现身网络。而后来的红色代码，尼姆达病毒疯狂的时候，造成几十亿美元的损失。2003 年 1 月 26 日，一种名为"2003 蠕虫王"的蠕虫病毒迅速传播并袭击了全球，致使互联网网络严重堵塞，互联网域名服务器瘫痪，造成网民浏览互联网网页及收发电子邮件的速度大幅减缓，同时银行自动提款机的运作中断，机票等网络预订系统的运作中断，信用卡等收付款系统出现故障。国外专家估计，造成的直接经济损失在 12 亿美元以上。网络蠕虫(Worm)主要是利用操作系统和应用程序漏洞传播，通过网络的通信功能将自身从一个结点发送到另一个结点并启动运行的程序，可以造成网络服务遭到拒绝并发生死锁。"蠕虫"由两部分组成：一个主程序和一个引导程序。主程序一旦在机器上建立就会去收集与当前机器联网的其他机器的信息。它能通过读取公共配置文件并运行显示当前网上联机状态信息的系统实用程序而做到这一点。随后，它尝试利用前面所描述的那些缺陷去在这些远程机器上建立其引导程序。

特洛伊木马程序(Trojan Horse)是一个隐藏在合法程序中的非法的程序。该非法程序在用户不知情的情况下被执行。其名称源于古希腊的特洛伊木马神话，传说希腊人围攻特洛伊城，久久不能得手。后来想出了一个木马计，让士兵藏匿于巨大的木马中。大部队假装撤退而将木马摈弃于特洛伊城，让敌人将其作为战利品拖入城内。木马内的士兵则乘夜晚敌人庆祝胜利、放松警惕的时候从木马中爬出来，与城外的部队里应外合而攻下了特洛伊城。当有用程序被调用时，隐藏的木马程序将执行某种有害功能，如显示信息、删除文件或将磁盘格式化，并能用于间接实现非授权用户不能直接实现的功能。特洛依木马型病毒不会感染其他寄宿文件，清除特洛依木马型病毒的方法是直接删除受感染的程序。

48. 后门

后门(Back Door)，一般指后门程序，是一种形象的比喻，是指那些绕过安全性控制而获取对程序或系统访问权的程序方法。在软件的开发阶段，程序员常常会在软件内创建后门程序以便可以修改程序设计中的缺陷。但是，如果这些后门被其他人知道，或是在发布软件之前没有删除后门程序，那么它就成了安全风险，容易被黑客当成漏洞进行攻击。黑客在利用某些方法成功地控制了目标主机后，可以在对方的系统中植入特定的程序，或者是修改某些设置。这些改动表面上是很难被察觉的，但黑客却可以使用相应的程序或者方法轻易地与这台计算机建立连接，重新控制这台计算机。就好像是黑客偷偷地配了一把主人房间的钥匙，可以随时进出而不被主人发现一样。

49. 肉鸡

肉鸡(Broiler)也称傀儡机，是指可以被黑客远程控制的机器。例如，用"灰鸽子"等诱导客户点击或者计算机被黑客攻破或用户计算机有漏洞被种植了木马，黑客可以随意操纵它并利用它做任何事情。

肉鸡通常被用作 DDoS 攻击(分布式拒绝服务)，是一种形象的比喻，比喻那些可以随意被控制的计算机，可以是各种系统，如 Windows、Lunix 等，更可以是一家公司、企业、学校甚至是政府、军队的服务器。他们可以像操作自己的计算机那样来操作它们，而不被对方所发觉。例如 3389 肉鸡，3389 端口很容易被"肉鸡 3389 管理软件"的扫描工具(其他：superscan \ x-scan 等)得到，由于一些计算机使用者缺乏安全意识经常给 administrator \ new 账户密码留空，这样菜鸟们可以用 mstsc. exe 以 GUI❶(Graphical User Interface，简称 GUI，图形用户界面又称图形用户接口)模式登录别人的计算机，创建超级用户获取最高管理权限，就可远程控制肉鸡，开启后门、种木马、盗取各种信息等。

50. 木马

木马(Trojan)，也称木马病毒，是指通过特定的程序来控制另一台计算机。木马通常有两个可执行程序：一个是控制端，另一个是被控制端。木马这个名字来源于古希腊传说，木马程序是目前比较流行的病毒文件，与一般的病毒不同，它不会自我繁殖，也并不"刻意"地去感染其他文件，它通过将自身伪装吸引用户下载执行，向施种木马者提供打开被种主机的门户，使施种者可以任意毁坏、窃取被种者的文件，甚至远程操控被种主机。木马病毒的产生严重危害着现代网络的安全运行。

51. 挂马

挂马(Hanging Horse)，就是在别人的网站文件里面放入网页木马或者将代码潜入到对方正常的网页文件里，以使浏览者中木马。

免杀(Free to Kill)，就是通过加壳、加密、修改特征码、加花指令等技术来修改程序，使其逃过杀毒软件的查杀。

加壳(Shell)，就是利用特殊的算法，将 EXE 可执行程序或者 DLL 动态连接库文件的编码进行改变(如实现压缩、加密)，以达到缩小文件体积或者加密程序编码，甚至躲过杀毒软件查杀的目的。目前较常用的壳有 UPX、ASPack、免疫007、木马彩衣等。

花指令(Floral Instruction)，就是几句汇编指令，让汇编语句进行一些跳转，使得杀毒软件不能正常地判断病毒文件的构造。说通俗点就是杀毒软件是从头到脚按顺序来查找病毒。如果把病毒的头和脚颠倒位置，杀毒软件就找不到病毒了。

52. 漏洞

漏洞(Leak)是软件在开发的过程中没有考虑到的某些缺陷，也叫软件的Bug。漏洞是指一个系统存在的弱点或缺陷，系统对特定威胁攻击或危险事件的敏感性，或进行攻击的威胁作用的可能性。漏洞可能来自应用软件或操作系统设计时的缺陷或编码时产生的错误，也可能来自业务在交互处理过程中的设计缺陷或逻辑流程上的不合理之处。这些缺陷、错误或不合理之处可能

---

❶ GUI，是计算机软件与用户进行交互的主要方式，指采用图形方式显示的计算机操作用户界面。

被有意或无意地利用，从而对一个组织的资产或运行造成不利影响，如信息系统被攻击或控制，重要资料被窃取，用户数据被篡改，系统被作为入侵其他主机系统的跳板。从目前发现的漏洞来看，应用软件中的漏洞远远多于操作系统中的漏洞，特别是 Web 应用系统中的漏洞更是占信息系统漏洞中的绝大多数。

53. 恶意软件与勒索软件

恶意软件(Malicious Software)是指对计算机或程序造成伤害的软件。

勒索软件(Ransomware)是一种恶意软件，通过骚扰、恐吓甚至采用绑架用户文件等方式，使用户数据资产或计算资源无法正常使用，并以此为条件向用户勒索钱财。这类用户数据资产包括文档、邮件、数据库、源代码、图片、压缩文件等多种文件。赎金形式包括真实货币、比特币或其他虚拟货币。

一般来说，勒索软件制作者还会设定一个支付时限，有时赎金数目也会随着时间的推移而上涨。有时，即使用户支付了赎金，最终也还是无法正常使用系统，无法还原被加密的文件。

54. 安全补丁

安全补丁(Security Patch)是软件开发厂商为堵塞安全漏洞，提高软件的安全性和稳定性，开发的与原软件结合或对原软件升级的程序。因此，要定期从厂商处获取并安装最新的补丁程序，避免从非正规网站下载未知的补丁程序而被欺骗。

55. 注入攻击与 SQL 注入

注入攻击(Injection Attack)就是攻击者将恶意代码通过应用程序传递到另一个系统，以恶意操纵应用程序。这些攻击可以通过系统调用、通过 shell 命令的外部程序或通过查询语言(SQL)注入的数据库来攻击操作系统。

所谓 SQL 注入(Structured Query Language Injection)，就是通过把 SQL 命令插入到 Web 表单提交或输入域名或页面请求的查询字符串，最终达到欺骗服务器执行恶意的 SQL 命令。具体来说，它是利用现有的应用程序，将恶意的 SQL 命令注入后台数据库引擎执行，它可以通过在 Web 表单中输入恶意 SQL 语句得到一个存在安全漏洞的网站上的数据库，而不是按照设计者意图去执行 SQL 语句。例如，之前的很多影视网站泄露 VIP 会员密码大多就是通过 Web 表单递交查询字符暴出的，这类表单特别容易受到 SQL 注入式攻击。

随着 B/S(Browser/Server)模式应用开发的发展，使用这种模式编写程序的程序员越来越多，但是由于程序员的水平参差不齐，相当大一部分应用程序存在安全隐患。用户可以提交一段数据库查询代码，根据程序返回的结果，获得某些他想要知道的数据，这就是 SQL 注入。

注入点：是可以实行注入的地方，通常是一个访问数据库的连接。根据注入点数据库的运行账号的权限不同，所得到的权限也不同。

56. 区块链技术

所谓区块链技术（BT，Blockchain Technology），也称为分布式账本技术，是一种互联网数据库技术，其特点是去中心化、公开透明，让每个人均可参与数据库记录。区块链（Block Chain）是一个大型的交易数据库，也称为交易分类账。

用通俗的话阐述：如果我们把数据库假设成一本账本，读写数据库就可以看做一种记账的行为，区块链技术的原理就是在一段时间内找出记账最快最好的人，由这个人来记账，然后将账本的这一页信息发给整个系统里的其他所有人。

57. 跨站点请求伪造

跨站点请求伪造（Cross-Site Request Forgery，CSRF）是一个恶意的 Web 攻击，一个攻击程序迫使一个用户的浏览器在一个用户当前身份验证的站点上执行不需要的操作。

58. 网络监听

网络监听（Sniffer）是一种监视网络状态、数据流程以及网络上信息传输的管理工具，它可以将网络界面设定成监听模式，并且可以截获网络上所传输的信息。也就是说，当黑客登录网络主机并取得超级用户权限后，若要登录其他主机，使用网络监听便可以有效地截获网络上的数据，这是黑客使用最好的方法。但是网络监听只能应用于连接同一网段的主机，通常被用来获取用户密码等。

59. 网络攻击

网络攻击（Network Attack）是指利用网络存在的漏洞和安全缺陷对网络系统的硬件、软件及其系统中的数据进行的攻击。网络信息系统所面临的威胁来自很多方面，而且会随着时间的变化而变化。从宏观上看，这些威胁可分为人为威胁和自然威胁。

自然威胁来自于各种自然灾害、恶劣的场地环境、电磁干扰、网络设备的自然老化等。这些威胁是无目的的，但会对网络通信系统造成损害，危及通信安全。而人为威胁是对网络信息系统的人为攻击，通过寻找系统的弱点，以非授权方式达到破坏、欺骗和窃取数据信息等目的。两者相比，精心设计的人为攻击威胁难防备、种类多、数量大。从对信息的破坏性上看，攻击类型可以分为主动攻击和被动攻击。主动攻击会导致某些数据流的篡改和虚假数据流的产生。被动攻击中，攻击者不对数据信息做任何修改，在未经用户同意和认可的情况下攻击者获得了信息或相关数据。

60. 网络钓鱼

网络钓鱼(Phishing)是指通过大量发送声称来自于银行或其他知名机构的欺骗性垃圾邮件，意图引诱收信人给出敏感信息(如用户名、口令、账号 ID、ATM 密码或信用卡详细信息)的一种攻击方式。

最典型的网络钓鱼攻击是将收信人引诱到一个通过精心设计与目标组织的网站非常相似的钓鱼网站上，并获取收信人在此网站上输入的个人敏感信息，通常这个攻击过程不会让受害者警觉。网络钓鱼是"社会工程攻击"的一种形式，是一种在线身份盗窃方式。

61. ARP 欺骗

ARP(Address Resolution Protocol)是地址解析协议，是一种将 IP 地址转化为 MAC 的协议。在局域网中，黑客经过收到 ARP Request 广播包，能够偷听到其他节点的(IP, MAC)地址，黑客伪装为 A，告诉 B(受害者)一个假地址，使得 B 发送给 A 的数据包都被黑客截取，而 B 浑然不知，从而进行欺骗攻击。

62. 逻辑炸弹

计算机中的逻辑炸弹(Logic Bomb)是指在特定逻辑条件满足时，实施破坏的计算机程序，该程序触发后造成计算机数据丢失、计算机不能从硬盘引导，甚至会使整个系统瘫痪，并出现物理损坏的虚假现象。

逻辑炸弹引发时的症状与某些病毒的作用结果相似，并会对社会引发连带性的灾难。与病毒相比，它强调破坏作用本身，而实施破坏的程序不具有传染性。逻辑炸弹是一种程序，或任何部分的程序，这是冬眠，直到一个具体作品的程序逻辑被激活。最常见的激活一个逻辑炸弹是一个日期。该逻辑炸弹检查系统日期，并没有什么，直到与预先编程的日期和时间达成共识。在这一时点上，逻辑炸弹被激活并执行它的代码。

逻辑炸弹也可以被编程为等待某一个信息，如可以检查一个网站，当逻辑炸弹看到特定的信息时，它便激活并执行它的恶意代码。

63. 字典攻击

月黑风高之夜，一个小偷拿着从仓库管理员那儿偷来的一串钥匙，躲过岗哨摸到库房，看着库房大门挂着的大锁，哪一把钥匙才能打开门呢? 显然最直接的方法就是一把一把的试，直到打开为止，或者所有钥匙都打不开，无功而返。这件事儿对小偷来说略显机械枯燥，而且时间拖久了还有被抓的危险。可这样的重复劳动正适合计算机来做，这种方法就是网络安全领域里"字典攻击"（Dictionary Attack）的原型。

当黑客试图进入目标系统时被告知需要提供口令，而他对此并不知晓（正如上面那个小偷并不确定钥匙是哪一把），他可以采用这样的方法：将收藏的备选口令集（这个口令集可能包含着成千上万个备选口令）输入到他的程序中，依次向目标系统发起认证请求，直到某一个口令可以通过认证——或者所有这些口令均无效，宣告此方法失败并结束本次入侵行为（或者继续查找系统有无别的弱点）。

与暴力破解的区别是暴力破解会逐一尝试所有可能的组合密码，而字典式攻击会使用一个预先定义好的单词列表。

64. 社会工程攻击

社会工程攻击（Social Engineering Attack），是一种利用"社会工程学"来实施的网络攻击行为。

社会工程学，准确来说，不是一门科学，而是一门艺术和窍门的方法。社会工程学利用人的弱点，以顺从你的意愿、满足你的欲望的方式，让你上当的一些方法、一门艺术与学问。说它不是科学，因为它不是总能重复和成功，而且在信息充分多的情况下，会自动失效。社会工程学的窍门也蕴涵了各式各样的灵活的构思与变化因素。社会工程学是一种利用人的弱点（如人的本能反应、好奇心、信任、贪便宜等）进行诸如欺骗、伤害等危害手段，获取自身利益的手法。现实中运用社会工程学的犯罪很多，短信诈骗（如诈骗银行信用卡号码）、电话诈骗（如以知名人士的名义去推销诈骗）等，都可以运用到社会工程学的方法。

在计算机科学中，社会工程学指的是通过与他人合法的交流，来使其心理受到影响，作出某些动作或者是透露一些机密信息的方式。这通常被认为是一种欺诈他人以收集信息、行骗和入侵计算机系统的行为。

65. IP 地址欺骗

IP 地址欺骗（IP Spoofing）指产生的 IP 数据包为伪造的源 IP 地址，以便冒充其他系统或发件人的身份。这是一种黑客的攻击形式，黑客使用一台计算机上网，而借用另外一台机器的 IP 地址，从而冒充另外一台机器与服务器打交道。防火墙可以识别这种 IP 欺骗。

按照 TCP/IP 网络互联协议，数据包包头包含来源地和目的地信息。而 IP 地址欺骗，就是通过伪造数据包包头，使显示的信息源不是实际的来源，就像这个数据包是从另一台计算机上发送的，从而达到攻击的目的。

66. 拒绝服务攻击

拒绝服务攻击(Denial of Service Attack)是指攻击者想办法让目标机器停止提供服务,是黑客常用的攻击手段之一。其实对网络带宽进行的消耗性攻击只是拒绝服务攻击的一小部分,只要能够对目标造成麻烦,使某些服务被暂停甚至主机死机,都属于拒绝服务攻击。拒绝服务攻击问题也一直得不到合理的解决,究其原因是因为网络协议本身的安全缺陷,从而拒绝服务攻击也成了攻击者的终极手法。攻击者进行拒绝服务攻击,实际上让服务器实现两种效果:一是迫使服务器的缓冲区满,不接收新的请求;二是使用 IP 欺骗,迫使服务器把非法用户的连接复位,影响合法用户的连接。

67. 分布式拒绝服务(DDoS)

分布式拒绝服务(DDoS, Distributed Denial of Service)是指借助于客户/服务器技术,将多个计算机联合起来作为攻击平台,对一个或多个目标发动DDoS 攻击,从而成倍地提高拒绝服务攻击的威力。通常,攻击者使用一个偷窃账号将 DDoS 主控程序安装在一个计算机上,在一个设定的时间,主控程序将与大量代理程序通信,代理程序已经被安装在网络上的许多计算机上。代理程序收到指令时就发动攻击。利用客户/服务器技术,主控程序能在几秒钟内激活成百上千次代理程序的运行,以比从前更大的规模来进攻受害者。

68. 0day 攻击

在计算机领域中,0day 通常是指还没有补丁的漏洞,而 0day 攻击(0day Attack)则是指利用这种漏洞进行的攻击。

0day 中的 0 表示 Zero,早期的 0day 表示在软件发行后的 24 小时内就出现破解版本,现在已经引申了这个含义,只要是在软件或者其他东西发布后,在最短时间内出现相关破解的,都可以叫作 0day。

69. IPC $ 攻击

IPC $ (Internet Process Connection)是共享"命名管道"的资源,它是为了让进程间通信而开放的命名管道,通过提供可信任的用户名和口令,连接双方可以建立安全的通道并以此通道进行加密数据的交换,从而实现对远程计算机的访问。IPC $ 是 NT/2000 的一项新功能,它有一个特点,即在同一时间内,两个 IP 之间只允许建立一个连接。NT/2000 在提供了 IPC $ 功能的同时,在初次安装系统时还打开了默认共享,即所有的逻辑共享(c $、d $、e $……)和系统目录 winnt 或 windows 共享。所有的这些,微软的初衷都是为了方便管理员的管理,但在有意无意中,导致了系统安全性的降低。利用 IPC $,连接者甚至可以与目标主机建立一个空连接而无需用户名与密码(对方机器必须开了

IPC $ 共享，否则是连接不上的)，而利用这个空连接，连接者还可以得到目标主机上的用户列表(负责的管理员会禁止导出用户列表的)，从而进行进一步的攻击。

70. APT(高级持续性威胁)

APT(Advanced Persistent Threat)是指高级持续性威胁。利用先进的攻击手段对特定目标进行长期持续性网络攻击的攻击形式。APT 攻击的原理相对于其他攻击形式更为高级和先进，其高级性主要体现在 APT 在发动攻击之前需要对攻击对象的业务流程和目标系统进行精确的收集。在此收集的过程中，此攻击会主动挖掘被攻击对象受信系统和应用程序的漏洞，利用这些漏洞组建攻击者所需的网络，并利用 0day 漏洞进行攻击。

第二节 网络安全技术

71. VPN 技术

VPN(虚拟专用网络，Virtual Private Network)，被定义为通过一个公用网络(通常是互联网)建立一个临时的、安全的连接，是一条穿过公用网络的安全、稳定的隧道。虚拟专用网是对企业内部网的扩展，它可以帮助异地用户、公司分支机构、商业伙伴及供应商同公司的内部网建立可信的安全连接，并保证数据的安全传输。

VPN 属于远程访问技术，简单地说，就是利用公用网络架设专用网络。例如某公司员工出差到外地，他想访问企业内网的服务器资源，这种访问就属于远程访问。

在传统的企业网络配置中，要进行远程访问，传统的方法是租用 DDN (Digital Data Network，数字数据网，即平时所说的专线上网方式)专线或帧中继，这样的通信方案必然导致高昂的网络通信和维护费用。对于移动用户与远端个人用户而言，一般会通过互联网进入企业的局域网，但这样必然带来安全上的隐患。

让外地员工访问到内网资源，利用 VPN 的解决方法就是在内网中架设一台 VPN 服务器。外地员工在当地连上互联网后，通过互联网连接 VPN 服务器，然后通过 VPN 服务器进入企业内网。为了保证数据安全，VPN 服务器和客户机之间的通信数据都进行了加密处理。有了数据加密，就可以认为数据是在一条专用的数据链路上进行安全传输，就如同专门架设了一个专用网络一样，但实际上 VPN 使用的是互联网上的公用链路，因此 VPN 称为虚拟专用网络，其实质上就是利用加密技术在公网上封装出一个数据通信隧道。有了

VPN 技术，用户无论是在外地出差还是在家中办公，只要能上互联网就能利用 VPN 访问内网资源，这就是 VPN 在企业中应用得如此广泛的原因。

72. 身份认证技术

图 1-4 是一幅经典的漫画，一条狗在计算机面前一边打字，一边对另一条狗说："在互联网上，没有人知道你是一个人还是一条狗！"这个漫画说明了在互联网上很难识别身份。

"On the Internet, nobody knows you're a dog."

图 1-4 漫 画

身份认证（Authentication）是指计算机及网络系统确认操作者身份的过程。计算机系统和计算机网络是一个虚拟的数字世界，在这个数字世界中，一切信息包括用户的身份信息都是用一组特定的数据来表示的，计算机只能识别用户的数字身份，所有对用户的授权也是针对用户数字身份的授权。而我们生活的现实世界是一个真实的物理世界，每个人都拥有独一无二的物理身份。如何保证以数字身份进行操作的操作者就是这个数字身份合法拥有者，也就是说保证操作者的物理身份与数字身份相对应，就成为一个很重要的问题。身份认证技术（Authentication Technology）的诞生就是为了解决这个问题。

身份认证技术主要包括数字签名、身份验证和数字证明。数字签名又称电子加密，可以区分真实数据与伪造、被篡改过的数据。这对于网络数据传输，特别是电子商务是极其重要的，一般要采用一种称为摘要的技术，摘要技术主要是采用 HASH（哈希）函数（HASH 函数提供了这样一种计算过程：输入一个长度不固定的字符串，返回一串定长度的字符串，又称 HASH 值）将一段长的报文通过函数变换，转换为一段定长的报文，即摘要。身份识别是指用户向系统出示自己身份证明的过程，主要使用约定口令、智能卡和用户指纹、视网膜和声音等生理特征。数字证明机制提供利用公开密钥进行验证的方法。

73. 数字证书

数字证书（Digital Certificate）就是互联网通信中标志通信各方身份信息的一串数字，提供了一种在 Internet 上验证通信实体身份的方式，数字证书不是数字身份证，而是身份认证机构盖在数字身份证上的一个章或印（类似居民身份证上公安局的印章）。它是由权威机构——CA 机构，又称为证书授权（Certificate Authority）中心发行的，人们可以在网上用它来识别对方的身份。

74. 公开密钥密码体系

公开密钥密码体系（Public Key Cryptosystem）。在公钥体制中，加密密钥（公共密钥）不同于解密密钥（私有密钥）。人们将加密密钥公之于众，谁都可以使用，而解密密钥只有解密人自己知道。

如果某人给你发送数据，他用你的公共密钥加密数据，那么这个数据就只有你能够看得懂，因为只有你才拥有私有密钥。其他人根本无法解密数据。如果你用私有密钥加密一个数据，那么任何持有你公有密钥的人都可以解密数据，当然这个时候并不是为了保密数据，而是为了证明这个数据是不是你发送的。如果某人用你的公共密钥解开了数据，他就会知道这个数据一定是你发送的，因为通过其他人的公共密钥是不可能解开数据的。

迄今为止的所有公钥密码体系中，RSA 和 DSA 系统是最著名、使用最广泛的两种。RSA 算法好在网络容易实现密钥管理，便于进行数字签名，算法复杂，加/解速度慢，采用非对称加密。DSA 用于签名，采用对称加密，而 RSA 可用于签名和加密。

75. 防火墙

网络术语中的防火墙（Firewall），是指一个由软件和硬件设备组合而成、在内网和公网之间、专用网与公共网之间的界面上构造的保护屏障，是一种获取安全性方法的形象说法，它是一种计算机硬件和软件的结合，使 Internet 与 Intranet 之间建立起一个安全网关，从而保护内部网免受非法用户的侵入。防火墙内置了一套访问控制列表，它能允许经你"同意"的人和数据进入你的网络，同时阻止你未"同意"的人和数据访问你的网络，可以最大限度地阻止互联网中的入侵者。

防火墙主要由服务访问规则、验证工具、包过滤和应用网关四个部分组成，防火墙就是一个位于计算机和它所连接的网络之间的软件或硬件。该计算机流入流出的所有网络通信和数据包均要经过此防火墙。

例如，天融信、启明星辰、中科网威等企业的防火墙产品。

76. 虚拟防火墙

虚拟防火墙（Virtual Firewall），就是可以将一台防火墙在逻辑上划分成多台虚拟的防火墙，每个虚拟防火墙系统都可以被看成是一台完全独立的防火墙设备，可拥有独立的系统资源、管理员、安全策略、用户认证数据库等。

从软、硬件形式上主要分为软件防火墙和硬件防火墙。软件防火墙一般应用在个人计算机上，占用计算机资源，费用较低，性能较差，如360网络防火墙、金山防火墙、瑞星防火墙。其中，360防火墙具有保护计算机的系统信息安全、智能防御木马、抵御各类网络攻击等多项功能，可以自主选择是否开启各类拦截网络攻击的服务。而硬件防火墙一般用在大型网络上，不单独占用个人计算机资源，费用较高，性能较高，如华为防火墙、深信服防火墙、天融信防火墙等。

小知识：怎样选择防火墙？

传统上认为，防火墙是指设置在不同网络（如可信任的企业内部网和不可信的公共网）或网络安全域之间的一系列部件的组合。它通过允许、拒绝或重新定向经过防火墙的数据流，防止不希望的、未授权的通信，并对进、出内部网络的服务和访问进行审计和控制，本身具有较强的抗攻击能力，对网络用户基本上是"透明"的，并且只有授权的管理员方可对防火墙进行管理。目前，市场上有六种基本类型的防火墙，分别是嵌入式防火墙、基于企业软件的防火墙、基于企业硬件的防火墙、SOHO软件防火墙、SOHO硬件防火墙和特殊防火墙。

嵌入式防火墙：就是内嵌于路由器或交换机的防火墙。嵌入式防火墙是某些路由器的标准配置。用户也可以购买防火墙模块，安装到已有的路由器或交换机中。嵌入式防火墙也被称为阻塞点防火墙。由于互联网使用的协议多种多样，所以不是所有的网络服务都能得到嵌入式防火墙的有效处理。嵌入式防火墙工作于IP层，无法保护网络免受病毒、蠕虫和特洛伊木马程序等来自应用层的威胁。就本质而言，嵌入式防火墙常常是无监控状态的，它在传递信息包时并不考虑以前的连接状态。

基于软件的防火墙：是能够安装在操作系统和硬件平台上的防火墙

软件包。如果用户的服务器装有企业级操作系统，购买基于软件的防火墙则是合理的选择。如果用户是一家小企业，并且想把防火墙与应用服务器(如网站服务器)结合起来，添加一个基于软件的防火墙就是合理之举。

　　基于硬件的防火墙：捆绑在"交钥匙"系统(Turnkey System)内，是一个已经装有软件的硬件设备。基于硬件的防火墙也分为家庭办公型和企业型两种款式。

　　特殊防火墙：是侧重于某一应用的防火墙产品。目前，市场上有一类防火墙是专门为过滤内容而设计的，MailMarshal 和 WebMarshal 就是侧重于消息发送与内容过滤的特殊防火墙。OKENA 的 StormWatch 虽然没有标明是防火墙，但也具有防火墙类规则和应用防范禁闭功能。

77. 包过滤技术

　　包过滤技术(Packet Filtering Technology)是指网络设备(路由器或防火墙)根据包过滤规则检查所接收的每个数据包，作出允许数据包通过或丢弃数据包的决定，其技术原理在于加入 IP 过滤功能的路由器逐一审查包头信息，并根据匹配和规则决定包的前行或被舍弃，以达到拒绝发送可疑包的目的。过滤路由器具备保护整个网络、高效快速并且透明等优点。

78. 杀毒软件

　　杀毒软件(Anti-virus Software)，也称反病毒软件或防毒软件，是用于消除电脑病毒、木马和恶意软件等计算机威胁的一类软件，如 360 杀毒、瑞星、金山毒霸等。

　　杀毒软件通常集成监控识别、病毒扫描和清除和自动升级等功能，有的杀毒软件还带有数据恢复等功能，是计算机防御系统(包含杀毒软件，防火墙，特洛伊木马和其他恶意软件的查杀程序，入侵预防系统等)的重要组成部分。

79. 网站安全监测

　　网站安全监测(Website Safety Monitoring)是通过技术手段对网站进行漏洞扫描，检测网页是否存在漏洞、网页是否挂马、网页有没有被篡改、是否有欺诈网站等，提醒网站管理员及时修复和加固，保障 Web 网站的安全运行。

80. 漏洞扫描

　　漏洞扫描(Vulnerability Scanning)是指基于漏洞数据库，通过扫描等手段对指定的远程或者本地计算机系统的安全脆弱性进行检测，发现可利用的漏洞的一种安全检测行为。

漏洞扫描器是一种自动检测远程或本地主机安全性弱点的程序。通过使用漏洞扫描器，系统管理员能够发现所维护的 Web 服务器的各种 TCP 端口的分配、提供的服务、Web 服务软件版本和这些服务及软件呈现在 Internet 上的安全漏洞。从而在计算机网络系统安全保卫战中做到"有的放矢"，及时修补漏洞，构筑坚固的安全长城。

常规标准可以将漏洞扫描器分为两种类型：主机漏洞扫描器（Host Scanner）和网络漏洞扫描器（Network Scanner）。网络漏洞扫描器是指基于 Internet 远程检测目标网络和主机系统漏洞的程序，如提供网络服务、后门程序、密码破解和阻断服务等的扫描测试。主机漏洞扫描器是指针对操作系统内部进行的扫描，如 Unix、NT、Liunx 系统日志文件分析，可以弥补网络型安全漏洞扫描器只从外面通过网络检查系统安全的不足。一般采用 C/S（Client/Server）的架构，其会有一个统一控管的主控台（Console）和分布于各重要操作系统的 Agents，然后由 Console 端下达命令给 Agents 进行扫描，各 Agents 再回报给 Console 扫描的结果，最后由 Console 端呈现出安全漏洞报表。除了上述两大类的扫描器外，还有一种专门针对数据库做安全漏洞检查的扫描器，主要功能为找出不良的密码设定、过期密码设定、侦测登入攻击行为、关闭久未使用的账户，而且能追踪登入期间的限制活动等，数据库的安全扫描也是信息网络安全内很重要的一环。市场上，安恒信息、启明晨星和绿盟科技都是做漏洞扫描的典型企业。

81. 渗透测试

渗透测试（Penetration Test）是一种利用模拟黑客攻击的方式，来评估计算机网络系统安全性能的方法。

与黑客的攻击相比，渗透测试仅仅进行预攻击阶段的工作，并不对系统本身造成危害，即仅仅通过一些信息搜集手段来探查系统的弱口令、漏洞等脆弱性信息。

82. 物理隔离

物理隔离（Physical Isolation）是指内部网不得直接或间接的连接公共网。物理隔离的目的是保护路由器、工作站、各种网络服务器等硬件实体和通信链路免受自然灾害、人为破坏和搭线窃听攻击。

只有使内部网和公共网物理隔离，才能真正保证内部信息网络不受来自互联网的黑客攻击。此外，物理隔离也为内部网划定了明确的安全边界，使得网络的可控性增强，便于内部管理。

83. 逻辑隔离

逻辑隔离(Logical Isolation)主要通过逻辑隔离器实现，逻辑隔离器是一种不同网络间的隔离部件，被隔离的两端仍然存在物理上数据通道连线，但通过技术手段保证被隔离的两端没有数据通道，即逻辑上隔离。

一般使用协议转换、数据格式剥离和数据流控制的方法，在两个逻辑隔离区域中传输数据。并且传输的方向是可控状态下的单向，不能在两个网络之间直接进行数据交换。

84. 缺陷检测

软件缺陷，常常被叫作 Bug。所谓软件缺陷，即为计算机软件或程序中存在的某种破坏正常运行能力的问题、错误，或者隐藏的功能缺陷。

缺陷检测(Defect Detection)通常是指对物品表面缺陷的检测。国内外很多软件企业开发了不少该类检测软件，该系统可根据设定的技术指标要求自动进行检测，并对有缺陷部分进行标识。

85. 合规检测

信息安全领域有两类合规检测(Compliance Detection)：

(1)等保合规检测，一般是由网监下属的，做等保评测公司用专有的工具(如等保工具箱)进行合规检测，主要是符合等保的规定。

(2)基线合规检测，基线就是安全设置的底线，利用工具(软件或硬件)自动化的扫描所有设备的配置，看是否符合公司的安全规定。

86. 溯源检测

信息安全的溯源检测(Traceability Detection)，就是需要网络中每个环节要对上网信息、PC 唯一信息和抓包进行留存，然后能够根据 IP 地址、用户名等信息检索出某个人的整个一段时间的记录，如某个人在网络上进行过黑客违法犯罪行为，就算此时无法定位此人现实中的姓名如何，但是溯源信息内有他的特征码，一旦这个人登录过淘宝或者网银，那么跟进溯源信息可以知道真实姓名，可以进行抓捕等，现在溯源检测更多地和大数据安全、态势感知相融合。

87. 态势感知

态势感知(Situation Awareness, SA)，是一种基于环境的、动态、整体地洞悉安全风险的能力，是以安全大数据为基础，从全局视角提升对安全威胁的发现识别、理解分析、响应处置能力的一种方式，最终是为了决策与行动，是安全能力的落地。态势感知的概念最早在军事领域被提出，覆盖感知、理解和预测三个层次。并随着网络的兴起而升级为"网络态势感知"(Cyberspace

Situation Awareness，CSA）。旨在大规模网络环境中对能够引起网络态势发生变化的安全要素进行获取、理解、显示以及最近发展趋势的顺延性预测，进而进行决策与行动。

态势感知系统应该具备网络空间安全持续监控能力，能够及时发现各种攻击威胁与异常；具备威胁调查分析及可视化能力，可以对威胁相关的影响范围、攻击路径、目的、手段进行快速判别，从而支撑有效的安全决策和响应；能够建立安全预警机制，来完善风险控制、应急响应和整体安全防护的水平。

88. 云安全

云安全（Cloud Security）是指基于云计算商业模式应用的安全软件、硬件、用户、机构、安全云平台的总称。云安全通过网状的大量客户端对网络中软件的行为进行监测，获取互联网中木马、恶意程序的最新信息，并发送到Server 端进行自动分析和处理，再把病毒和木马的解决方案分发到每一个客户端。

云安全可以根据 URL 地址判断风险程度，从整个互联网上收集源信息，判断用户的互联网搜索、访问、应用的对象是不是恶意信息。这种模式与病毒代码的比对不同，病毒代码是用特征码进行识别。传统病毒代码分析依靠大量人工，而云安全则利用基于历史用户反馈的统计学分析方式不停地对互联网进行判断。只要全球范围内有 1% 的用户提交需求给"云端"服务器，15分钟之后全球的云安全库就会对该 URL（统一资源定位符，Uniform Resource Locator，URL）的访问行为进行策略控制。

实现云安全有六大核心技术：Web 信誉服务、文件信誉服务、行为关联分析技术、自动反馈机制、威胁信息总汇、白名单技术僻（白名单主要用于降低误报率）。主要企业有：安恒信息、华为、新华三等。

89. 工业控制系统信息安全

工业控制系统信息安全（Industrial Control System of Information Security）是指工业控制系统的硬件、软件、数据、平台等受到保护，免受偶然或者恶意的原因而遭到破坏、更改与泄露，从而提升工业控制系统内核的健壮性、鲁棒性和安全性，实现工业控制系统的通信安全、平台安全、数据安全、控制安全和操作安全，以此杜绝病毒篡改组态数据、伪造控制指令、实时欺骗、获取超级权限等工控定向攻击，从而保障工业控制系统及相关工业设施连续、可靠、正常地运行。

90. 物联网安全

物联网（The Internet of Things，IOT）是将万物互联，如把车辆、建筑物和一些嵌入电子设备、软件、传感器等连接起来，使这些对象能够收集和交换数据的网络。

物联网的体系结构有三个层次：底层是用来感知(识别、定位)的感知层，中间是数据传输的网络层，上面是应用层。

物联网安全(IOT security)需要解决的安全问题有：物理层面的安全、信息的隐私保护、对设备的访问认证和控制管理、物联网产生的数据安全、物联网应用安全等。物联网安全较传统互联网安全，具有更大的危害性和破坏性，关乎人们日常的生产工作与生活环境，需要有更强的安全意识来防御物联网安全引发的各类攻击。

91. 移动互联网安全

移动互联网安全(Mobile Internet Security)不仅仅是人们所熟悉的手机应用安全，它应该包括移动智能终端(手机 APP 应用等)安全、移动网络安全、移动网络数据传输安全、移动互联网服务安全等。由于移动智能终端是用户直接使用交互的软硬件，因此移动互联网安全最频发的事件也往往聚焦在此。移动互联网安全问题主要包括移动支付的安全、钓鱼链接网址、骚扰诈骗电话短信等，主要原因是用户隐私信息的泄露、伪基站的肆意横行、病毒木马、用户网络安全意识差、网络犯罪破案率不高等。

92. Web 信誉服务

Web 信誉服务(Web Credit Service)可借助全球域信誉数据库，按照恶意软件行为分析所发现的网站页面、历史位置变化和可疑活动迹象等因素来指定信誉分数，从而追踪网页的可信度。然后，通过该技术继续扫描网站并防止用户访问被感染的网站。为了提高准确性，降低误报率，Web 信誉服务为网站的特定网页或链接指定信誉分值，而不是对整个网站进行分类或拦截，因为通常合法网站只有一部分受到攻击。而信誉可以随时间而不断变化。通过信誉分值的比对，就可以知道某个网站潜在的风险级别。当用户访问具有潜在风险的网站时，就可以及时获得系统提醒或阻止，从而帮助用户快速地确认目标网站的安全性。通过 Web 信誉服务，可以防范恶意程序源头。由于对"零日攻击❶"的防范是基于网站的可信度而不是真正的内容，因此能有效预防恶意软件的初始下载，用户进入网络前就能够获得防护能力。

93. 文件信誉服务

文件信誉服务(File Credit Service)，可以检查位于端点、服务器或网关处

---

❶ 零日攻击，是指黑客在发现漏洞但安全中心没发现漏洞的情况下进行的攻击。

的每个文件的信誉，检查的依据包括已知的良性文件清单和已知的恶性文件清单。

94. 行为关联分析技术

行为关联分析技术（Behavior Correlation Analysis Technology）是指利用行为分析的相关性技术把威胁活动综合联系起来，确定其是否属于恶意行为。按照启发式观点来判断 Web 威胁的单一活动是否实际存在威胁，可以检查潜在威胁不同组件之间的相互关系。来自世界各地的研究将补充客户端反馈内容，全天候威胁监控和攻击防御，以探测、预防并清除攻击，综合应用各种技术和数据收集方式——包括蜜罐、网络爬行器、反馈以及内部研究获得关于最新威胁的各种情报。

95. 自动反馈机制

云安全的另一个重要组件就是自动反馈机制（Automatic Feedback Mechanism），以双向更新流方式在威胁研究中心和技术人员之间实现不断通信。通过检查单个客户的路由信誉来确定各种新型威胁。

"云计算"防恶意软件技术不再需要客户端保留恶意软件库特征，所有的信息都将存放于互联网中。当全球任何角落的终端用户连接到互联网后，与"云端"的服务器保持实时联络，当发现异常行为或恶意软件等风险后，自动提交到"云端"的服务器群组中，由"云计算"技术进行集中分析和处理。之后，"云计算"技术会生成一份对风险的处理意见，同时对全世界的客户端进行统一分发。客户端可以自动进行阻断拦截、查杀等操作。将恶意软件特征库放置于"云"中，不但可以节省因恶意软件不断泛滥而造成的软硬件资源开支，而且还能获得更加高效的恶意软件防范能力。

96. 量子通信

量子（Quantum）是能量最基本、最小不可分割的单元。未知量子态无法精确克隆，只要有人试图复制，就会产生误码，会被发现。这些特性使得量子态通信在传输过程中有了绝对安全性。目前，量子保密通信（Quantum Secret Communication）运用较为成熟领域有三个：国防、金融、政务专网。

量子加密通信是绝对安全的通信方式，是信息安全的终极解决方案，对于国家信息安全意义重大。中央领导人多次学习和视察量子通信，已经将量子通信写入"十三五"规划，首次进入国家战略，是仅次于航空发动机的战略新兴产业，重要性极为突出。一是由于我国核心芯片和软件无法国产化，只有依靠量子加密通信解决绝对安全问题；二是未来量子计算机面世，强大的计算能力将摧毁所有依靠算法的经典加密体系，只有量子加密通信能够抵挡。

国内首个商用量子保密通信专网——济南党政机关量子通信专网，在济南通过专家评审，保密性、安全性、成码率的测试均达到设计目标，完成全网验收并正式投入使用。济南党政机关量子通信专网所有用户之间的通信，实现了每秒至少产生 4000 个密钥用于数据保护。量子通信行业有望进入高速成长期，核心公司包括：九州量子、国盾量子、问天量子。

97. 北斗卫星导航系统

北斗卫星导航系统（Beidou Navigation System）是中国正在实施的自主研发、独立运行的全球卫星导航系统，与美国的 GPS、俄罗斯的格洛纳斯、欧盟的伽利略系统兼容共用的全球卫星导航系统，并称全球四大卫星导航系统。我国建设独立的北斗卫星导航系统，不仅可以从根本上摆脱受制于人的局面，而且对提升中国航天的能力、推动航天强国建设、维护国家安全意义重大。

遇到地震、台风等重大灾害来临的时候，北斗卫星导航系统就是抢险救灾的生命线，既可以及时地进行灾害位置报告，又可以进行通信，为抢险救灾提供保障，最大限度地减少损失。目前，国内生产北斗芯片的企业有十几家，北斗星通、华力创通、国腾电子、华讯微电子以及东莞泰斗被并称为"芯片五兄弟"。

北斗卫星导航系统中的地基增强系统，已经开始提供初始服务了，初始服务的精度非常好，在中国全境之内就可以提供米级、亚米级❶、分米级，最高可以到厘米甚至毫米级。

全球首个支持新一代北斗 3 号信号体制的高精度导航定位芯片 2017 年 9 月 16 日正式发布，它拥有完全自主知识产权，可被广泛应用于车辆管理、汽车导航、可穿戴设备、航海导航、精准农业、智慧物流、无人驾驶、工程勘察等领域。

98. 网络空间拟态防御技术

网络空间拟态主动防御技术（Cyberspace Mimicry Active Defense Technology）是指在网络、平台、运行环境、软件和数据等层面引入动态冗余架构，并导入功能重构、配置重组、环境虚拟或传统安全等手段和动态化、随机化等不确定性机制，使目标对象"网络防御环境和行为难以预测"，降低未知漏洞、后门等的可利用性，大幅提高网络攻击难度与代价，显著降低网络空间安全风险。拟态主动防御技术直面广泛存在的漏洞和后门这一根本性问题，实现基于"有毒带菌"构件及组件建立风险可控信息系统的"沙滩建楼"式安全网络空间。网络空间拟态防御技术是技术体系上具备"先天免疫"和

---

❶ 亚米级：亚，即次。亚米级，即精度可以达到一米以内。

"标本兼治"能力的，力图改变网络空间"攻防游戏"规则的主动防御技术。

99. 网络安全可信计算

可信计算(Trusted Computing)是在计算机和通信系统中广泛使用的一种基于硬件安全模块验证的安全计算服务平台，以提高系统整体的安全等级为目标。

可信计算包括三方面：可信可用，方能安全交互；主动免疫，方能有效保护；自主创新，方能安全可控。

可信计算是一种运算和防护并存的主动免疫新计算模式，网络安全可信计算(Network Security Trusted Computing)的目标是提升网络应用的可信度，实现各类网络应用的可信可控，适用于各类网络操作系统安全、网络智能终端应用安全、云计算等网络服务计算的安全等。

第三节　硬件设备概述

100. 控制端

控制端(Control End)是指能够控制一个或一套设备或者几套设备的终端设备，一般为与路由器、交换机等网络设备相连接的某一特定终端。

101. 路由器

路由器(Router)，是连接因特网中各局域网、广域网的设备，它会根据信道的情况自动选择和设定路由，以最佳路径，按前后顺序发送信号。路由器是互联网络的枢纽，好比网络高速中的"交通警察"。目前，路由器已经广泛应用于各行各业，各种不同档次的产品已成为实现各种骨干网内部连接、骨干网间互联和骨干网与互联网互联互通业务的主力军。

路由器又称网关设备(图1-5)，是用于连接多个逻辑上分开的网络。所谓逻辑网络是代表一个单独的网络或者一个子网。当数据从一个子网传输到另一个子网时，可通过路由器的路由功能来完成。因此，路由器具有判断网络地址和选择 IP 路径的功能，它能在多网络互联环境中，建立灵活的连接，可用完全不同的数据分组和介质访问方法连接各种子网，路由器只接受源站或其他路由器的信息，属网络层的一种互联设备。政府机构常用的企业级路由器品牌主要有华为、H3C、锐捷网络等。

102. 交换机

交换是按照通信两端传输信息的需要，用人工或设备自动完成的方法，把要传输的信息送到符合要求的相应路由上的技术的统称。交换机(Switch)

图1-5 路由器

就是一种在通信系统中完成信息交换功能的设备，它应用在数据链路层。交换机有多个端口，每个端口都具有桥接功能，可以连接一个局域网或一台高性能服务器或工作站。实际上，交换机（图1-6）有时被称为多端口网桥。

路由器和交换机之间的主要区别就是交换机发生在 OSI 参考模型第二层（数据链路层），而路由发生在第三层（网络层）。这一区别决定了路由器和交换机在移动信息的过程中需要使用不同的控制信息，所以说两者实现各自功能的方式是不同的。一般情况下，路由器的内部结构要比交换机更复杂。政府机构常用的企业级交换机品牌主要有华为、H3C、锐捷网络等。

图1-6 交换机

103. 虚拟机

虚拟机（Virtual Machine）是指通过软件模拟的具有完整硬件系统功能的、运行在一个完全隔离环境中的完整计算机系统。

虚拟系统通过生成现有操作系统的全新虚拟镜像，具有真实操作系统完全一样的功能，进入虚拟系统后，所有操作都是在这个全新的独立的虚拟系统里面进行，可以独立安装运行软件，保存数据，拥有自己的独立桌面，不会对真正的系统产生任何影响，而且具有能够在现有系统与虚拟镜像之间灵活切换的一类操作系统。虚拟系统和传统的虚拟机不同在于：虚拟系统不会降低计算机的性能，启动虚拟系统不需要像启动 Windows 系统那样耗费时间，运行程序更加方便快捷；虚拟系统只能模拟和现有操作系统相同的环境，而虚拟机则可以模拟出其他种类的操作系统；而且虚拟机需要模拟底层的硬件指令，所以在应用程序运行速度上比虚拟系统慢得多。

流行的虚拟机软件有 VMware、Virtual Box 和 Virtual PC，它们都能在 Windows 系统上虚拟出多个计算机。

104. 网卡(网络适配器)

网卡(Network Adapter)是工作在链路层的网络组件,是局域网中连接计算机和传输介质的接口,不仅能实现与局域网传输介质之间的物理连接和电信号匹配,还涉及帧的发送与接收、帧的封装与拆封、介质访问控制、数据的编码与解码以及数据缓存的功能等。它的主要作用是将计算机数据转换为能够通过介质传输的信号。当网络适配器传输数据时,它首先接收来自计算机的数据。为数据附加自己的包含校验及网卡地址报头,然后将数据转换为可通过传输介质发送的信号。工作中常见的是用以太网的 RJ-45❶ 接口使网线通过网卡与其他计算机网络设备连接起来。

105. 网关

大家都知道,从一个房间走到另一个房间,必然要经过一扇门。同样,从一个网络向另一个网络发送信息,也必须经过一道"关口",这道关口就是网关。顾名思义,网关(Gateway)就是一个网络连接到另一个网络的"关口"。

网关又称网间连接器、协议转换器。网关在网络层以上实现网络互连,是最复杂的网络互连设备,仅用于两个高层协议不同的网络互连。网关既可以用于广域网互连,也可以用于局域网互连。网关是一种充当转换重任的计算机系统或设备。使用在不同的通信协议、数据格式或语言,甚至体系结构完全不同的两种系统之间,网关是一个翻译器。与网桥只是简单地传达信息不同,网关对收到的信息要重新打包,以适应目的系统的需求。

106. 集线器

集线器(HUB),是指一个多端口的转发器,在以 HUB 为中心设备时,即使网络中某条线路产生了故障,并不影响其他线路的工作。所以,HUB 在局域网中得到了广泛的应用。大多数的时候它用在星型与树型网络拓扑结构中,以 RJ-45 接口(水晶插头)与各主机相连。

107. 安全隔离网闸

安全隔离网闸(Gap),又名网闸、物理隔离网闸。安全隔离网闸是一种网络数据安全摆渡技术,一般用于被安全隔离的内网和外网的数据交换,在内外网数据交换时,内网仍然处于被安全隔离状态,免受基于通用协议的外网非法入侵。安全隔离网闸也是为了内网无法和外网直接相连但又有数据交换需求而出现的一种安全技术,用以实现不同安全级别网络之间的安全隔离,并提供适度可控的数据交换的软硬件系统。

---

❶ RJ-45 接口通常用于数据传输,最常见的应用为网卡接口。

108. 防病毒网关(防毒墙)

防病毒网关(Anti-Virus Gateway)是一种网络设备,用以保护网络内进出数据的安全。主要体现在病毒杀除、关键字过滤、垃圾邮件阻止的功能,同时部分设备也具有一定防火墙的功能。

对于企业网络,一个安全系统的首要任务就是阻止病毒通过电子邮件与附件入侵。当今的威胁已经不单单是一个病毒,经常伴有恶意程序、黑客攻击以及垃圾邮件等多种威胁。网关作为企业网络连接到另一个网络的关口,就像是一扇大门,一旦大门敞开,企业的整个网络信息就会暴露无遗。从安全角度来看,对网关的防护得当,就能起到"一夫当关,万夫莫开"的作用;反之,病毒和恶意代码就会从网关进入企业内部网,为企业带来巨大损失。基于网关的重要性,企业纷纷开始部署防病毒网关,主要的功能就是阻挡病毒进入网络。

109. 网页防篡改系统

网页防篡改系统(Webpage Tamper Proofing System)是指针对网站篡改攻击而设计的防护产品,主要功能是通过文件底层驱动技术对 Web 站点目录提供全方位的保护,防止黑客、病毒等对目录中的网页、电子文档、图片、数据库等任何类型的文件进行非法篡改和破坏。防篡改系统保护网站安全运行,维护政府和企业形象,保障互联网业务的正常运营,彻底解决了网站被非法修改的问题。

110. 安全审计系统

安全审计系统(Security Audit System)是指按照一定的安全策略,利用记录、系统活动和用户活动等信息,检查、审查和检验操作事件的环境及活动,从而发现系统漏洞、入侵行为或改善系统性能的系统。

安全审计是审查评估系统安全风险并采取相应措施的一个过程。在不至于混淆情况下,简称为安全审计,实际是记录与审查用户操作计算机及网络系统活动的过程,是提高系统安全性的重要举措。系统活动包括操作系统活动和应用程序进程的活动。用户活动包括用户在操作系统和应用程序中的活动,如用户所使用的资源、使用时间、执行的操作等。相应的企业有:申信服、安恒信息、H3C 等。

111. WAF(Web 应用防火墙)

当 Web 应用越来越丰富的同时,Web 服务器以其强大的计算能力、处理性能及蕴含的较高价值逐渐成为主要的网络攻击目标。SQL 注入、网页篡改、网页挂马等安全事件频繁发生。

企业等用户一般采用防火墙作为安全保障体系的第一道防线。但是,在现实中，他们存在各种问题，由此产生了 WAF（Web Application Firewall）。WAF 代表了一类新兴的信息安全技术，用以解决诸如防火墙一类传统设备束手无策的 Web 应用安全问题。与传统防火墙不同，WAF 工作在应用层，因此对 Web 应用防护具有先天的技术优势。基于对 Web 应用业务和逻辑的深刻理解，WAF 对来自 Web 应用程序客户端的各类请求进行内容检测和验证，确保其安全性与合法性，对非法的请求予以实时阻断，从而对各类网站站点进行有效防护。

政府机构常用的 WAF 品牌主要有安恒信息、绿盟科技、深信服等。

112. IDS

IDS（Intrusion Detection Systems）即入侵检测系统，是指依照一定的安全策略，通过软件、硬件，对网络、系统的运行状况进行监视，尽可能发现各种攻击企图、攻击行为或者攻击结果，以保证网络系统资源的机密性、完整性和可用性，如 360 企业安全的入侵检测系统。做一个形象的比喻，假如防火墙是一幢大楼的门锁，那么 IDS 就是这幢大楼里的监视系统。一旦有非法入侵，或内部人员有越界行为，只有实时监视系统才能发现情况并发出警告。

入侵检测系统执行的主要任务包括：监视、分析用户及系统活动；审计系统构造和弱点；识别、反映已知进攻的活动模式，向相关人士报警；统计分析异常行为模式；评估重要系统和数据文件的完整性；审计、跟踪管理操作系统，识别用户违反安全策略的行为。入侵检测系统可以弥补防火墙的不足，为网络安全提供实时的入侵检测并采取相应的防护手段，如记录证据、跟踪入侵、恢复或断开网络连接等。通常，入侵检测系统按其输入数据的来源分为三种：一是基于主机的入侵检测系统，其输入数据来源于系统的审计日志，一般只能检测该主机上发生的入侵；二是基于网络的入侵检测系统，其输入数据来源于网络的信息流，能够检测该网段上发生的网络入侵；三是分布式入侵检测系统，能够同时分析来自主机系统审计日志和网络数据流的入侵检测系统，系统由多个部件组成，采用分布式结构。

入侵检测系统是通过对计算机网络或计算机系统中的若干关键点收集信息并进行分析，从中发现网络或系统中是否有违反安全策略的行为和被攻击的迹象。

113. IPS

IPS（Intrusion Prevention System）即入侵防御系统，是网络安全设施中对防病毒软件和防火墙的补充。入侵预防系统是一部能够监视网络或网络设备的网络资料传输行为的计算机网络安全设备，能够即时地中断、调整或隔离一些不正常或是具有伤害性的网络资料传输行为，如 360 企业安全的入侵防御系统。

114. DLP

DLP（Data Leakage Prevention）即数据泄露防护，又称为数据丢失防护，有时也称为信息泄漏防护。DLP 是通过一定的技术手段，防止企业的指定数据或信息资产以违反安全策略规定的形式流出企业的一种策略。DLP 这一概念来源于国外，是目前国际上主流的信息安全和数据防护手段。

115. 链路负载均衡技术

链路负载均衡技术（Link Load Balancing Technology）是一个经策略性部署的整体系统，能够帮助用户解决分布式存储、负载均衡、网络请求的重定向和内容管理等问题。其目的是通过在现有的网络中增加一层新的网络架构，将网站的内容发布到最接近用户的网络"边缘"，使用户可以就近取得所需的内容，解决网络拥塞状况，提高用户访问网站的响应速度。从技术上全面解决由于网络带宽小、用户访问量大、网点分布不均等原因，解决用户访问网站的响应速度慢的根本原因。

当流量进入链路负载均衡设备后，链路负载均衡设备会根据访问流量的目的 IP 地址对照运营商列表进行逐一匹配，在匹配的过程中该地址如果命中某一运营商的 IP 地址，链路负载均衡设备则将流量引导向该运营商所对应的接口，从而将流量成功地进行分流引导。

116. 流量监控设备

网络通信是通过数据包来完成的，所有信息都包含在网络通信数据包中。两台计算机通过网络"沟通"，是借助发送与接收数据包来完成的。所谓流量监控，实际上就是针对这些网络通信数据包进行管理与控制，同时进行优化与限制。流量监控的目的是允许并保证有用数据包的高效传输，禁止或限制非法数据包传输。流量监控设备（Flow Monitoring Equipment）可以随时获取哪些程序正在访问互联网以及它们实时下载速度和上传速度等相关监控。

117. 堡垒机

堡垒机（Fortress Machine）是指在一个特定的网络环境下，为了保障网络和数据不受来自外部和内部用户的入侵和破坏，而运用各种技术手段实时收集和监控网络环境中每一个组成部分的系统状态、安全事件、网络活动，以便集中报警、及时处理及审计定责。

118. 嗅探器

嗅探器（Sniffer）是一种监视网络数据运行的软件设备，协议分析器既能用于合法网络管理也能用于窃取网络信息。网络运作和维护都可以采用协议分析器，如监视网络流量、分析数据包、监视网络资源利用、执行网络安全操作规则、鉴定分析网络数据以及诊断并修复网络问题等。非法嗅探器严重威胁网络安全性，这是因为它实质上不能进行探测行为且容易随处插入，所以网络黑客常将它作为攻击武器。

第二章 // 网络安全案例与防范分析

信息技术的快速发展使得人类站在了新时代的前沿，然而在享受互联网的红利和便捷时，开放的、共享的环境也使得我们常常暴露在危险之中。中国互联网络信息中心第 40 次《中国互联网络发展状况统计报告》显示，截至 2017 年 6 月，我国网民规模达 7.51 亿，网民人数持续居全球之首；互联网普及率为 54.3%，超过全球平均水平 4.6 个百分点。互联网在给人们生产生活提供巨大便利的同时，也带来了大量安全问题。国家互联网应急中心在 2015 年共接收境内外报告的网络安全事件 126916 起，较 2014 年增长了 125.9%。其中，境内报告网络安全事件 126424 起，较 2014 年增长了 128.6%，境外报告网络安全事件 492 起，较 2014 年下降 43.9%。发现的网络安全事件中，数量排前三位的类型分别是网页仿冒事件（占 59.8%）、漏洞事件（占 20.2%）和网页篡改事件（占 9.8%）。《2016 年中国互联网安全报告》表明，我国 46.3% 的网站有漏洞，其中高危漏洞占 7.1%。从 2016 年起，接连发生的大学生遭电信诈骗致死事件，公民个人隐私泄露案件，虽然网络安全事件总数有所下降，但恶性事件增多了，2017 年开始网络安全事件总数又开始反弹，更突出了网络安全保护和防范刻不容缓。

本章重点介绍了网站、数据库、网络运维、网络管理和用户终端等方面的典型网络安全事件与相关防范措施。

第一节　网站与数据库维护类

案例一　某单位网站首页遭黑客恶意篡改

 典型事件描述

某日，某市某局的网站主页被恶意篡改，变成了乱七八糟内容的网页。

其下属单位网站首页也被恶意篡改，无法正常访问。

原因分析

1. 该网站采用 Microsoft SQL Server 2000 数据库和 ASP 语言开发架构，该网站服务器采用 Windows Server 2003 操作系统和 IIS 6.0 信息服务，且缺少必要的防护措施，被攻击成功的可能性较高。

2. 扫描检查服务器操作系统，未发现有操作系统级的漏洞和弱口令。

3. 登录网站服务器，发现首页文件"index. asp"被修改，查看 IIS 日志文件"ex120423. log"，发现是黑客利用 ASP 漏洞与 SQL 注入的入侵方式进行攻击。

解决方案

1. 安装升级高版本的数据库，并修改网站使用的 SQL 数据库的账号权限，保留必须使用的权限，去除多余的权限，特别是"System Administrators"权限。

2. 检查整个网站的网页，查看被篡改的首页代码，恢复被恶意篡改的文件。

3. 修改 ASP 代码，打上该漏洞补丁。方法是：过滤或转译用户提交数据中的 HTML 代码，限制用户提交数据的长度，增加对"<、>、（、）、'、;"等特殊字符和诸如"script""alert""expression""select""and""or"等 SQL、Script 关键字的过滤功能，或进行转译，在提交数据的页面脚本中增加一些防止 SQL 注入的过滤代码，以防出错信息暴露。可以通过脚本中的正则表达式的匹配，来限制客户端允许或禁止输入的字符类型。

4. 部署网站安全监控系统，定期对网站进行漏洞扫描，对网站运行进行 7*24 小时实时安全监控，发现页面出现敏感关键词，第一时间通知用户，确保网站的可用性、安全性和完整性给予及时的告警，为用户的网站预警应急响应和事件调查提供有力支撑。

总结建议

1. 在网站开发阶段，尽可能使用成熟稳定的开发语言，如"PHP""JSP"". NET"等。

2. 定时安装操作系统和网络杀毒软件补丁程序，并加强管理员的账号、口令密码的管理，在有条件的情况下，要不定时地组织网站被攻击后瘫痪的演习演练，提高处理此类突发事件的响应速度和效率。

3. 安装和设置防火墙，现在有许多基于硬件或软件的防火墙，如360、天融信、华为等厂商的网络安全监控系统产品。建立有效的网络抗攻击和入侵深层防护体系、漏洞防护体系和网络防毒体系等基础防护体系，在此基础上通过对各个系统的定时升级，达到所用系统安全漏洞风险的最低化。

4. 配备可靠的一体化网站安全监控系统，准确识别恶意代码，经常性地对网站进行检测和巡查，对发现的不正常代码文件、异常篡改的数据、存在木马、钓鱼链接及敏感词等问题第一时间感知网站状态，采取拯救措施，做出处理，避免给用户带来安全威胁，保障网站的公信力。同时及时掌握网站系统资源现状和安全风险信息，反映网站系统的可用性和健康度，创建一个可知可控的网站安全环境。

5. 监测系统日志。通过运行系统日志程序，记录下所有用户使用系统的情形，定期生成报表，通过对报表进行分析，知道是否有异常现象。

6. 运行环境部署需要进行加固处理，Web 应用访问数据库的用户需要采用最小权限原则，防止攻击者利用数据库缺陷进行权限提升等操作，同时对中间件软件，如 WebSphere、Tomcat、JBoss 等，应进行降权运行处理，防止脚本木马直接获得系统权限。关注各个应用系统所使用程序、组件、第三方插件等安全现状，及时更新相应的补丁版本，如本次测试过程中所发现的 OWA、jQuery 等。

7. 定期对服务器进行备份。全系统进行每月一次的备份，对修改过的数据进行每周一次的备份。同时，将修改过的重要系统文件存放在不同的服务器上。

8. 信息系统上线前增加安全验收和网站审计环节，保证系统安全上线。信息系统下线后增加安全退出环境，保证相关信息、防火墙规则数据的安全处理。

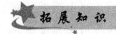 拓展知识

IIS 信息服务，ASP 代码，漏洞，弱口令

1. IIS 信息服务(Internet Information Services，互联网信息服务)，是由微软公司提供的基于运行 Microsoft Windows 的互联网基本服务。其中包括 Web 服务器、FTP 服务器、NNTP 服务器和 SMTP 服务器，分别用于网页浏览、文件传输、新闻服务和邮件发送等方面，它使得在网络(包括互联网和局域网)上发布信息成了一件很容易的事。

2. ASP 代码，是一种编程语言，其最多的就是网站建设中的应用。

3. 漏洞是在硬件、软件、协议的具体实现或系统安全策略上存在的缺陷，

从而可以使攻击者能够在未授权的情况下访问或破坏系统。

4. 弱口令指的是仅包含简单数字和字母的口令，例如"123""abc"等，因为这样的口令很容易被别人破解，从而使用户的计算机面临风险，因此不推荐用户使用。

案例二　服务器遭受攻击导致网站无法正常访问

 **典型事件描述**

某日，某单位信息中心一台 Web 服务器因提示密码错误无法进入系统，且该服务器上部署的网站无法正常访问，均提示 503 错误。

 **原因分析**

该服务器存在 Administrator、Admin $ 、Test $ 等未知的隐藏账户。为黑客入侵该服务器留下后门，需尽快清除。

解决方案

由于系统管理员已被黑客更改，需破解管理员密码进入系统操作。

1. 使用 Windows PE 系统的光盘进入系统破解管理员密码。

2. 使用管理员账号登录系统删除隐藏用户，并进入注册表清除相关键值。

3. 对系统进行木马病毒查杀，发现大量木马病毒。

4. 重启服务器并访问本地网站，网站提示 503 错误且无法访问。该错误是由于该网站对应的应用程序池内部错误导致。

5. 停止网站对应的应用程序池"XXXXX"并新建一个名为"YYYYY"的应用程序池对该网站进行测试。网站恢复正常访问(该服务器上其他网站采用相同方法即恢复正常，部分网站因遭到黑客破坏而无法恢复，由相关负责人员通知下属单位处理)。

总结建议

1. 对业务服务器需定期进行安全检查与安全加固。

2. 建立统一的补丁分发服务器，及时更新系统补丁。

3. 在网络出口区域对服务器的访问行为进行有效控制，保证外部访问为有限可控访问。

同时，在技术管理上采取如下措施：

1. 专业人员对服务器定期巡检及安全检查。

2. 控制服务器发布网站，排除网站存在安全隐患。

3. 服务器安装防病毒软件。

4. 服务器开启自动更新。

5. 开启相关账户策略及安全审核策略。

Windows PE，应用程序池

1. Windows PE（Windows Preinstallation Environment，Windows 预安装环境），是带有有限服务的最小 Win32 子系统，基于以保护模式运行的 Windows XP Professional 及以上内核。它包括运行 Windows 安装程序及脚本、连接网络共享、自动化基本过程以及执行硬件验证所需的最小功能。

Windows PE 含有 Windows XP、Windows Server 2003、Windows Vista、Windows 7、Windows 8、Windows 8.1、Windows 10 的 PE 内核。

2. 应用程序池是将一个或多个应用程序链接到一个或多个工作进程集合的配置，该池中的应用程序与其他应用程序被工作进程边界分隔，某个应用程序池中的应用程序不会受到其他应用程序池中应用程序所产生的问题的影响。

案例三　某单位数据库审计系统选择不慎造成数据库瘫痪

典型事件描述

某单位系统数据库为 Oracle 10.2.0.4，服务器操作系统为 HP-UX。2015 年，该单位开始进行某项防违规系统建设，采用的防违规软件原理是基于 Oracle 数据审计。通过对每个进入 Oracle 内存的语句进行分析，在既定的规则之内的所有 SQL 语句都会被记录，违规可能性大的 SQL 语句会被拦截。在系统上线后的第二天，系统资源不足现象发生，导致数据库 hung 住（挂起）15 分钟左右，业务系统接近瘫痪。

原因分析

1. 观察 Oracle 数据库服务器的操作系统资源使用情况，CPU 使用率近100%，其中数据库审计产品消耗占用的 CPU 资源很高。

2. 通过分析数据库日志 Alert 日志、Trace 日志、AWR 报告、ADDM 报告，操作系统资源监控，发现数据库审计产品占用 CPU 使用率在30%~45%，而且业务越繁忙时，数据库审计产品消耗的资源越高。使得数据库服务器整体的 CPU 占用长期稳定地达到 90%，导致业务系统运行非常缓慢。

解决方案

1. 停止已经上线的防违规软件。

2. 对防违规软件进行优化，减少对数据库实时操作的监控，将事中控制调整为事后监控分析。优化后该产品 CPU 使用率一般稳定在 2%~5%。在事后审核过程中，夜间 CPU 的消耗一般在 10%~15%，数据库服务器整体的 CPU 占用一般在 30%~40%。

总结建议

1. 选择审计软件，要清楚软件的原理，清楚其优缺点，对系统性能要求和消耗的大小。

2. 用户在选择审计软件时，需要评估自身数据库、服务器的承受能力，并制订各类数据安全级别，不同数据保护级别采用不同的方式。

案例四 信息系统设计不合理导致数据无法保存

典型事件描述

某日，某市工作人员登录该市某服务信息系统，想要保存业务明细，发现出现模块不能正常保存业务明细的问题，影响工作的正常开展。

原因分析

经分析认定主要原因是该服务信息系统主键生成器超过当时设计时默认最大值。该服务信息系统运行时间长，数据量大，尤其是故障模块，数据已达 8000 多万，加之系统运行起始主键 ID 较高，运行到该日刚好超过上限，已超过主键生成程序预期设置上限，造成主键生成控制文件无法正常写入，业务数据无法正常保存。

解决方案

1. 将主键 ID 由原始的 int 型改成 long 型。
2. 调整主键生成器程序代码。

总结建议

在系统设计初期，就应该考虑到海量业务数据的问题，在设计应用系统数据库表结构、字段类型等关键性技术架构的时候就要考虑到大数据量对系统整体架构性能及可用性的影响，避免由于海量数据问题造成一定时间后，系统出现难以预料的出错。否则，很可能造成系统在运行一段时间之后，由于数据量的问题导致应用系统性能急剧下降，造成系统不可用。应避免等到问题发生之后为了解决问题，而整体改动数据库结构或应用系统整体架构的情况，从而影响日常业务的正常进行。

拓展知识

主键 ID：每个数据库的表都需要一个主键，且具有如下三个特性：

1. 主键的列名都叫做 ID。
2. 数据类型是 32 位或者 64 位的整数。
3. 主键的值是自动生成来确保唯一的。

案例总结

随着网络和数据库发展越来越迅速，对网站的安全性要求也越来越高，很多网站和数据库都存在易被黑客攻击的漏洞，时刻关注相关问题是十分必要的。

1. 用户认证安全的测试要考虑以下问题：

(1) 明确区分系统中不同用户权限。

(2) 系统中会不会出现用户冲突。

(3) 系统会不会因用户权限的改变造成混乱。

(4) 用户登录密码是否可见、可复制。

(5) 是否可以通过绝对途径登录系统(拷贝用户登录后的链接直接进入系统)。

(6) 用户退出系统后是否删除了所有鉴权标记，是否可以使用后退键而不通过输入口令进入系统。

2. 系统网络安全的测试要考虑以下问题：

(1) 测试采取的防护措施是否正确装配好，有关系统的补丁是否打上。

(2) 模拟非授权攻击，检验防护系统是否坚固。

(3) 采用成熟的网络漏洞检查工具检查系统相关漏洞(即用最专业的黑客攻击工具攻击测试，现在最常用的是 NBSI 系列和 IP Hacker)。

(4) 采用各种木马检查工具检查系统木马情况。

(5) 采用各种防外挂工具检查系统各组程序的可外挂漏洞。

3. 数据库安全考虑问题：

(1) 系统数据是否机密(例如对银行系统，这很重要)。

（2）系统数据的完整性，即：存储在数据库中的所有数据值均正确的状态。

（3）系统数据可管理性，即：了解系统的复杂性，降低数据中心管理的成本。

（4）系统数据的独立性，即：应用程序和数据结构之间相互独立，互不影响。

（5）系统数据可备份和恢复能力，即：数据备份是否完整，可否恢复，是否可以完整恢复。

第二节　网络运维类

案例五　网络攻击导致某收费系统瘫痪

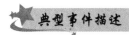 **典型事件描述**

某日，某单位部分收费系统时断时续，部分收费系统结算正常。重启了异常系统前置机（与中心系统进行通信的机器）之后，故障依旧存在。重启终端计算机之后，开始3~4个收费系统恢复正常，后续又不正常。通过单位内部搭建的无线网络的移动终端，收费业务恢复正常。收费系统故障约20小时，期间启用了相应的应急系统。

原因分析

1. 通过各种现象，初步分析判断为楼内网络存在故障，但是 Ping 前置机正常，没有丢包现象。

2. 检测前置机的端口，端口没有被其他应用软件占用。

3. 杀毒软件在收费终端计算机上检测不到病毒。

4. 重装收费终端计算机之后，问题依然存在。

5. 最终怀疑是楼内部分计算机中了 ARP 病毒，楼内的交换机受到 ARP 攻击。具体操作如下：

（1）登录网关交换机。

（2）通过 dis log 命令查看日志，分析日志得出：VLAN 909 网段，MAC 地址为 0016_ xxxx-9996 的计算机中 ARP 病毒。

解决方案

为了暂时恢复网络，技术人员先通过命令语句关闭了交换机的 GigabitEthernetl/0/5 口。再登录到网关交换机，把相应 VLAN 重新启动，之后网络暂时恢复正常运行。对于感染病毒的计算机直接重装系统，并安装补丁、杀毒软件，避免再次感染病毒。

1. 购买正版 Windows 操作系统软件，终端计算机及时更新补丁与升级。

2. 购买正版的网络杀毒软件，对病毒库实时更新，每台终端计算机使用之前必须安装杀毒软件。

3. 终端计算机安装终端控制软件，非特殊使用的计算机，只能使用相应的软件与工具，同时终端计算机不支持 U 盘接入。

4. 需要拷贝文件的部门，必须要将资料拿到信息中心，由信息中心的专用机器杀毒之后，上传到 OA 系统，其他人员可以到 OA 系统中下载。

5. 内网、外网进行隔离，办公用计算机不能同时上内网和外网。

6. 网络之间不能进行直接的文件拷贝，必须要通过 OA 系统或者单位的FTP 服务器。

7. 终端计算机、应用软件、FTP 服务器等建立完善的权限管理制度，每个人员具备的权限统一由人事部门进行管理。

拓展知识

OA 系统，VLAN

1. OA 系统(Office Automation System)是指办公自动化系统，主要推行一种无纸化办公模式。

2. VLAN(Virtual Local Area Network)的中文名为"虚拟局域网"，是一组逻辑上的设备和用户，这些设备和用户并不受物理位置的限制，可以根据功能、部门及应用等因素将它们组织起来，相互之间的通信就好像它们在同一个网段中一样，由此得名虚拟局域网。

案例六 服务器感染病毒导致系统瘫痪

典型事件描述

某单位新买两台服务器，并让软件公司将所有的数据库及应用程序都安装在这两台服务器上。但没过多久，整个局域网感染病毒，导致两台服务器也中病毒，数据库服务器数据文件损坏，最终导致信息系统瘫痪。

原因分析

1. 该单位的网络规划存在问题，没有对中心机房、业务区、行政区进行较好的划分，导致病毒扩散到整个局域网。

2. 该单位在规划中缺少相关必要的冗余服务器设备，将所有的数据库及应用程序都集中装在同一个服务器上，服务器中毒导致信息系统瘫痪。

解决方案

重新规划服务器、网络设备等设备，同时做好防病毒工作。

1. 服务器应按应用软件部署要求，提前做好规划。

2. 网络设备：做好网络划分，并做好常规网络设备的备份。

3. 防病毒

(1) 安装杀毒服务器，防火墙给予杀毒服务器升级网站的访问权限，杀毒服务器把最新的病毒库下载到本地，然后及时分发到不能上网的计算机。这样，整个单位的工作站❶都能得到及时的升级服务。

(2) 任何一台电脑都可以安装控制中心，查看日志，登记哪些计算机染毒、程度如何，以便作出相应的处理。

(3) 新的客户端安装后，在域控制器里面分发杀毒软件的安装补丁就能直接安装杀毒软件到用户端。

总结建议

信息化建设需强化调研，注重顶层设计，合理规划，做好网络结构的设计和设备选型，并做好服务器和网络设备的采购等工作。

案例七　内外网隔离下内外网不能互访

典型事件描述

某单位为保证信息安全，将内网和外网由防火墙进行隔离，但隔离后单位内部各部门无法将信息发布到外网，单位人员也无法通过内网访问外网或者通过外网访问内网。

原因分析

内外网隔离的最初考虑是防止公共网络上的病毒对单位的计算机产生破坏，防止黑客侵入获取内部信息。实行内外网隔离能够保证在对外发布信息的外网站点被攻击瘫痪的情况下，内网的服务器能够正常工作。但是这样的

---

❶　工作站(Work Station)一种高端的通用微型计算机。它是为了单用户使用并提供比个人计算机更强大的性能，尤其是在图形处理能力、任务并行方面的能力。

措施同时也隔离了信息的传递，很多人只能在内网看到单位发布的内部信息，看不到单位对外的新闻。

通过内网 DNS 服务器设置域名指向，在单位内部将域名 www.xxxx.ac.cn 以及 lan.xxxx.ac.cn 分别指向外网服务器 W 和内网服务器 N 的内网 IP。内网的计算机输入域名时可以通过 DNS 转发分别访问 W 和 N，实现内网用户安全访问外网主页，实际上是访问局域网的站点。

同时在外网的域名 DNS 设置上，将 www.xxxx.ac.cn 以及 lan.xxxx.ac.cn 都指向外网服务器的对外 IP，通过防火墙的端口映射，让外网用户在输入以上域名时都指向外网服务器 W。

在 W 服务器上增加镜像站点，利用同步软件将 N 服务器上的内网数据定期同步到 W 服务器的镜像站点上，同时内网增加 IP 判断功能，通过判断来访者的 IP 是局域网还是广域网，分别进行不同的处理。如果是广域网 IP，说明此时是外网用户准备访问内网镜像，则指向验证页面，按照职工号设置用户名的初始密码，验证通过以后即可访问。如果是局域网 IP，直接赋予访问权限。

总结建议

通过 IP 来判断内外网用户，再根据不同的情况分别处理，增加的用户验证功能实现外网用户也能访问内网的功能。经过设置以后职工无论在单位内还是单位外都可以正常访问内外网主页，同时由于外网服务器上的内网站点是镜像，只能进行从 N 到 W 的单向复制，避免了内网站点被破坏的可能性。考虑到 VPN 需要一定的资金投入，本案例介绍的方法可以为大家提供一条比较安全的内外网安全互访(尤其是外网访问内网)捷径。

其他说明

1. 文中提到的同步软件用的是 GoodSync，简单设置即可实现单向或双向同步，考虑到安全性，本案例用的是单向定期同步功能。

2. 根据 IP 判断内外网用户用到的部分代码如下：

```
dim onlineip
onlineip = Request.ServerVariables("HTTP_X_FORWARDED_
FOR")
if onlineip = "" then
```

```
onlineip=Request.ServerVariables("REMOTE_ADDR")
end if
if Instr (onlineip,"168.168")=1 then
Session("name")="内网用户"
Session("Ulogin")="yes"
Response.Redirect"index.asp"
else
Response.Redirect"lan_login.asp"
end if
```

案例八 存储控制器电源故障引起设备停止，导致系统瘫痪

★ 典型事件描述

某单位在春节前对机房进行巡检时，发现备用存储控制器发生故障，已是年底，供应商停止节前供货，故暂把备用的存储控制器拆掉，准备节后安装新的备用存储控制器。但春节期间，临时停电，UPS 电池耗尽。大年初一，在用的存储控制器自带电池耗尽，导致存储设备停止工作，系统瘫痪约 4 小时。所幸是办理对外审批业务不多，加上应急预案做得不错，没有造成非常大的影响。

★ 原因分析

1. 备用存储控制器损坏，在用的存储控制器自带电池耗尽，导致存储设备停止。

2. 机房设备更换时，没有全面的系统分析，预估风险。

3. 没有一套标准的设备管理及维护模式。

4. 没有建设容灾系统以保证系统运行。

★ 解决方案

1. 建设容灾系统，以保证中心机房设备出现问题后不影响到业务。

(1)容灾是指当灾难发生时，计算机系统可以在最短时间内、最少损失的情况下恢复业务运行。备份与容灾是两种模式，在大数据量的情况下，备份无法在短时间内达到系统的恢复，而目前该单位有的仅仅是一个数据库备份系统，或是多机切换模式，一旦磁盘陈列柜出现损坏，信息系统也无法运行，而且短时间内无法完成业务的恢复。

（2）根据该单位有对外审批业务的特点，定制出适合的容灾系统关键指标，如表2-1所示。

表2-1　某行业容灾系统关键性指标（级别：必须、重要、普通、不重要）

序号	指标	指标说明	业务特点要求	级别
01	RTO	反映业务恢复即时性的指标	分钟级内完成恢复	必须
02	RPO	系统恢复后数据损失量	允许极小量数据损失	必须
03	稳定性	系统自身稳定性		重要
04	压力	容灾系统是否有分担主服务器压力的能力	业务与查询分离	重要
05	回溯	是否可查看历史时间点的数据	某些重要业务回溯	普通

2. 定期请硬件管理员、硬件厂商、技术支持进行相关检查。定期检查存储设备，记录指示灯状态显示屏上的信息。

3. 应急系统演练需要定期举行，以保证至少在15分钟内完成系统切换。

4. 网络安全涉及的范围广，一方面要依靠先进技术，另一方面更要依靠规范和健全的管理制度来事先防范，防患于未然。

5. 在实际工作中，网络管理人员对基础知识掌握的情况，直接关系到他的安全敏感度，只有身经百战、不断更新知识、积累经验，才能未雨绸缪，把危害降到最低。因此，网络管理人员更要加强自身素质的培养，加强网络管理，确保网络安全运行。

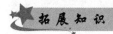 拓展知识

容灾系统

容灾系统：对于信息技术而言，容灾系统是能在计算机系统遭受灾难时（如火灾、水灾及计算机犯罪、病毒、掉电、硬件/软件错误和人为操作错误等），保证用户数据安全性，并提供不间断应用服务，使计算机系统可以在最短时间内、最少损失情况下恢复业务运行的灾备系统。

案例九　单电源引起服务器宕机

 典型事件描述

某日，某单位计算机机房的空调发生故障，导致机房温度升高至36℃左右，其中3台服务器停止工作。由于PDU接口不足，3台分别只接单根电源线的服务器达到温度阈值而停止工作，其他7台接通两根电源线的服务器则正常。

在楼道内能听到服务器风扇全速运转的声音，声音比平时大一倍，并感觉有股热气迎面而来，墙壁和门均是热的。

原因分析

1. 因为机房规模小，没有配备精密空调和机房环境动力监控系统，所以无法在故障发生的第一时间告警，并及时采取有效措施，以保障业务的正常运行。

2. 按理温度升高会导致全部服务器宕机，而实际并没有。经过分析总结如下：

第一，正常情况下，单个电源能够满足服务器的电源负载需求；可是由于室内温度升高，服务器内部温度也随之升高，温度传感器控制增加风扇的转速来达到降温，在增加风扇转速的同时电源负载也相应增加。

此时，冗余电源接通的服务器温度勉强控制，因为冗余电源的负载承受功率基本是两个独主电源的总和。双电源具有均流、故障切换、独立电源热插拔等功能。在电源正常工作时，由于具有均流的特性(也被称为负载平衡)，每个电源单元承受的负载为服务器整机负载的一半，这样可以使每个单元的开关电源工作在低负荷状态，以提高连续工作的稳定性。

在一个开关电源单元出现故障时，电源将所有负载切换到另一个电源单元上，从而使未接冗余电源的服务器全部宕机。

第二，宕机的服务器均已使用 3 年以上，最长的 6 年，电源转换效率低。

3. 对设备电源安全方面重视程度不够，在机房建设中只配备一台 UPS 主机来为机房设备供电。若该 UPS 主机出现问题，可能会引发整个机房瘫痪。为了将机房电源环境提高到双机冗余，需要对机房进行改造。

解决方案

1. 通知维修人员对空调进行维修。

2. 开窗通风，使用电风扇等其他工具增加计算机机房的空气流动。

3. 临时找一个插座，将宕机的服务器电源全部接通，开机恢复业务。

4. 把不重要的业务暂停并关机，减少对机房的热量排放。

5. 机房电源系统 UPS 两步走。首先，改造机房供电线路：为每个机柜提供两路完全独立的供电线路，接入单独 UPS 配电箱，配置单独的防雷系统，增加一路市电输入为两台 UPS 分别供电。其次，增加 UPS 主机：新增加一台 UPS 主机，将其与原来的 UPS 主机分别接入电池组，然后把两台 UPS 主机分别为两套单独的供电线路供电。

总结建议

1. 要定期对计算机机房的机器部件进行查看，以便及时发现问题。

2. 如果条件允许，需要配备冗余制冷设备。

3. 充分利用冗余电源技术，配备高效率的转换电源。

4. 配备机房环境动力监控系统监控机房温度、电力情况，配备网管系统监控网络设备及服务器运行情况。

5. 部分单位在信息化建设过程中为了使信息系统达到高可用性，在服务器、网络和存储等方面花费了大量精力，但对设备电源安全方面重视程度不够，需要建立相应的检查机制、安全机制。

拓展知识

UPS

UPS（Uninterruptible Power System/Uninterruptible Power Supply），即不间断电源，是将蓄电池（多为铅酸免维护蓄电池）与主机相连接，通过主机逆变器等模块电路将直流电转换成市电的系统设备。主要用于给单台计算机、计算机网络系统或其他电力电子设备（如电磁阀、压力变送器等）提供稳定、不间断的电力供应。

案例十　排水系统缺陷导致业务中断

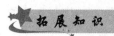

典型事件描述

遭遇台风天气，市区一直暴雨，导致某单位中心机房发生严重进水事故，被迫停电，连夜排水。业务系统停止工作，影响该单位的业务。

原因分析

机房的排水防水系统存在局部缺陷，降水量一旦增大，就容易产生积水拥堵现象，导致雨水倒灌进机房。

大楼原先是普通办公楼，没有按照机房的高标准而做独立设计。办公楼升级改造成机房后，下水管道、排水系统不能应对大降雨情况。

解决方案

该单位立即启用应急系统，保障广大用户业务顺利进行。

增加排水设备。通过不间断工作，中心机房达到基本工作要求；又经过几个小时的努力，中心机房恢复工作。

中心机房要有专业人员进行值班。建立漏水监测与报警系统。一旦遇到故障，专业人员能够第一时间响应处理，保障中心机房的安全。任何疏忽均会造成业务系统的停顿和严重的财产损失。

总结建议

无论中心机房是否完备，都要有一套应急备用系统。

机房选址对机房后期管理的影响很大。需要按照中心机房的规范进行建设与管理，例如防水性方面，机房不能选址在有下水管道的房间或其上下层。下水管道的破裂很可能会渗透到机房，导致机房不能正常运作。防震、防风、防雨、防雷电也是机房选择建筑的基本条件。通过本次故障，总结机房选址条件如下：

1. 机房所在楼层的上下层避免是厕所、澡堂、水房、化学实验室等。水管安装不得穿过屋顶和活动地板下，应采取措施防止室内水蒸气结露和地下积水的转移与渗透。

2. 如将普通的民用房改造为中心机房，有些原有的不再需要的甚至可能造成安全隐患的设施要拆除，如拆除暖气设施、上下水管道，必要时做引流或防水处理。

案例十一　APP 的高危漏洞不容忽视

典型事件描述

某单位委托安全技术公司对该单位某 APP 进行渗透测试来检测目标安全性。测试发现 APP 中存在多个可利用高危漏洞，攻击者可利用这些漏洞获取内网核心服务器控制权限，威胁内网安全。

原因分析

APP 在开发过程中没有充分考虑到用户的安全需求。

解决方案

1. 预扫描。通过端口扫描或主机查看，确定主机所开放的服务，检查是否有非正常的服务程序在运行。

2. 工具扫描。主要通过 SecPath 系统扫描、Nessus 等工具进行网段扫描，通过 SecPath Web 扫描、WVS 等工具进行 Web 扫描。通过 Nmap 进行主机扫描，得出不同的扫描结果，然后进行对比分析。

3. 人工检测。对以上扫描结果进行手动验证，判断扫描结果中的问题是否真实存在。

总结建议

1. 针对服务器端 SQL 注入漏洞，建议在互联网出口处部署 Web 应用防火墙，或者在服务器端代码中对用户输入的数据进行严格过滤和使用 Prepare Statement 函数。

2. 针对基础支撑平台、异速联远程接入系统和 Apache Tomcat 弱口令，建议对互联网出口定期进行渗透测试，以防止恶意攻击者入侵。

3. 针对 Android APP 客户端漏洞，建议使用第三方安全加固方案对 APK（AndroidPackage 的缩写，即 Android 安装包）进行加固，并关闭 AndroidManifest.xml 中的组件导出权限。

拓展知识

SecPath，Nessus，WVS，Nmap，异速联，Apache Tomcat 弱口令

1. SecPath：SecPath 系统漏洞扫描系统严格按照计算机信息系统安全的国家标准、相关行业标准设计、编写、制造，可以对不同操作系统下的计算机（在可扫描 IP 范围内）进行漏洞检测。

2. Nessus：Nessus 是目前全世界最多人使用的系统漏洞扫描与分析软件。总共有超过 75000 个机构使用 Nessus 作为扫描该机构电脑系统的软件。

3. WVS：WVS（Web Vulnerability Scanner）是一个自动化的 Web 应用程序安全测试工具，它可以扫描任何可通过 Web 浏览器访问的和遵循 HTTP/HTTPS 规则的 Web 站点和 Web 应用程序。

4. Nmap：一个网络连接端扫描软件，用来扫描网上计算机开放的网络连接端。

5. 异速联：它将 C/S 架构转化成 B/S 架构，降低了对网络带宽的要求。同时，避免在每台计算机的重复安装、调试、更新应用软件，从而降低企业信息化成本，提升工作效率，大大简化部署与管理复杂的计算环境。

6. Apache Tomcat 弱口令：Tomcat 可以根据需要加载用户名称字典、密码字典，对一定 IP 范围内的主机进行弱口令扫描。

案例十二　工业控制系统遭"震网"病毒攻击

典型事件描述

2010 年 9 月 27 日，伊朗布什尔核电站遭到病毒攻击。核电站原定于

2010 年 8 月开始运行，但是由于病毒的原因，直到 11 月 27 日才对外宣布开始运行。

原因分析

经检测分析发现，伊朗布什尔核电站遭受一种名叫"震网"的病毒攻击。该病毒是专门针对西门子工业控制软件进行攻击的特种病毒，攻击者首先感染核电站建设人员使用的互联网计算机或 U 盘，再通过 U 盘交叉使用侵入到物理隔离的内网，再通过内网扩散感染服务器，最后再实施破坏性攻击。

解决方案

1. 将受病毒攻击的服务器断开网络连接，安装专用的清理程序对病毒进行清理。

2. 安装 WinCC 的补丁程序以及"震网"病毒防护专用补丁，以防止再次感染病毒。

总结建议

1. 在物理隔离的内网内，严禁使用 U 盘、移动硬盘等移动存储设备。

2. 定期对关键系统进行数据备份、漏洞扫描和查杀病毒等工作。

拓展知识

工业控制系统

工业控制系统是由各种自动化控制组件以及对实时数据进行采集、监测的过程控制组件，共同构成的确保工业基础设施自动化运行、过程控制与监控的业务流程管控系统。

案例十三 著名软件公司遭"逻辑炸弹"攻击

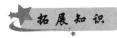

2007 年 10 月 1 日，上海发生了一起国内从未发生过、世界软件史上极为罕见的恶意代码植入(俗称"逻辑炸弹")，上海多家使用鲁班软件的企业发生计算机数据被删除的险情，导致近 10 万企业用户数十亿元的巨大损失，导致上千公司员工和代理商员工失业。

原因分析

经调查发现，一名潜伏在上海鲁班软件有限公司的软件程序员浦某，在参与编制公司的两款软件过程中，暗中在软件中添加恶意代码(俗称"逻辑炸弹")，在它的作用下，安装软件的计算机将会在 2007 年 10 月 1 日零时后，删除 C 盘至 H 盘内的所有文件。为了使软件在运行时可以执行该恶意代码，浦某还在主执行程序里添加了调用该函数的代码。我国法律对信息安全罪惩罚力度过低，许多罪犯在巨大利益面前可能铤而走险。

没有硝烟，没有火焰，没有巨响，然而，"逻辑炸弹"的冲击波震惊上海，震惊全国，震惊国际软件业界！

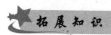

鲁班公司研发部、合作伙伴和各分支机构迅速响应总部命令采取果断措施，10 月 6 日即研制好并上传补丁程序，并动员数千人通过数十万条短信、电话通知 10 余万鲁班软件用户，在所有官方和行业网址中发出通知，使受损用户数量受到控制。但是，其正常经营活动已受到极为严重的打击，公司商誉、销售渠道受到严重影响。销售收入直线下降，前两个月销售额几乎被清零，很长时间难以恢复正常。代理不敢进货，客户不敢购买。

总结建议

1. 对关键信息系统或软件的开发过程进行严格的监控。
2. 在信息系统或软件正式使用前进行详细的安全审计。
3. 我国软件产业法律保护环境差，面临国内中小软件企业内部员工知识产权侵权、高技术违法犯罪和不正当竞争问题，故改进中国信息安全法律体系刻不容缓。
4. 软件行业，需高度重视安全，企业员工树立正确的价值观尤为重要，坚固的堡垒往往都是从内部攻破的！

拓展知识

网络安全审计

网络安全审计是指按照一定的安全策略，利用记录、系统活动和用户活动等信息，检查、审查和检验操作事件的环境及活动，从而发现系统漏洞、入侵行为或改善系统性能的过程。

案例十四　中奖彩票遭网络技术伪造

典型事件描述

2009 年 6 月 9 日，双色球 2009066 期开奖，全国共中出一等奖 9 注，其中深圳 5 注。但福彩中心在开奖结束后却发现系统出现异常。工作人员判断，福彩中心销售系统疑似被非法入侵，中奖彩票数据记录被人为篡改，5 注一等奖中奖数据系伪造。这是一起企图利用计算机网络技术诈骗彩票奖金的案件，所涉金额高达 3305 万元，数额巨大、性质恶劣。

★ 原因分析

经警方调查，这是深圳市某技术公司软件开发工程师程某，利用在深圳福彩中心实施技术合作项目的机会，通过木马攻击程序，攻击了存储福彩信息的数据库，并进一步进行了篡改彩票中奖数据的恶意行为，以期达到其牟取非法利益的目的。

★ 解决方案

1. 对关键信息系统或软件的开发过程进行严格的监控。

2. 在信息系统日常运行过程中做好安全监控方案，进行详细的安全的审计。

★ 总结建议

对信息系统的运行过程进行监控，做好网络安全审计。

案 例 总 结

由于网络信息安全处于信息技术的最前沿，时效性强，更新变化快，网络安全工作必然存在一些薄弱环节和问题，为切实保障网络稳定、高效运行，须做好如下工作：

1. 健全网络信息安全管理制度。加强信息系统基本情况梳理，特别是变更情况，以便更好地开展信息安全管理和防护工作，逐步形成专门的工作制度，同时进一步完善网络信息安全管理制度，规范信息系统和网站日常管理维护工作程序，定期对服务器、操作系统进行漏洞扫描和隐患排查，建立针对性的主动防护体系。

2. 健全安全保障体系设备及配套软件建设。克服财力、物力的不足，加大网络安全管理设备设施的投入力度，通过内外合作的方式，健全安全设备软硬件的配备。同时，全面开展信息系统等级保护工作，完成所有在线系统的定级、备案工作。积极创造条件开展后续定级测评、整改等工作。

3. 切实开展安全教育培训。逐步开展网络安全警示教育、专业知识培训等活动，组织认真学习网络信息安全知识，进一步提高大家的安全意识和技术能力，进一步明确防病毒、防黑客工作不仅涉及信息中心技术人员，而且与每位工作人员息息相关。

4. 加强应急管理，修订应急预案。组建以技术人员为骨干、重要系统管理员参加的应急支援技术队伍，加强应急预案演练，完备应急预案体系建设，将安全事件的影响降到最低。尤其在国家重大活动期间(如 G20 峰会、"一带一路"峰会等)，建立信息安全预案，安排专人监测，对发生的问题要及时上报、及时处理，确保不发生网络信息安全事件。

第三节　网络管理类

案例十五　某市行业信息专网网络安全需要冗余建设

★ 典型事件描述

在某市某行业信息化建设过程中，要求力求确保行业信息业务系统安全稳定运行。其中，区域便民式信息系统是建设中的重点，这个系统对网络数据传输实时性要求较高，对项目涉及的信息化建设提出了较大的挑战。

★ 原因分析

1. 经过分析可得，核心交换机是重点，一旦核心交换机发生故障，将导致某市该行业便民式信息系统使用处于瘫痪状态。

2. 必须要重视该行业的信息中心机房专网，一旦光纤出现单点故障、施工等意外事故，造成接入光纤断裂，也会导致全网瘫痪。

3. 服务器网卡故障或者接触不良，也会带来系统故障。

★ 解决方案

1. 要严防核心三层交换机故障带来的灾难性后果，具体做法如下：

(1)信息中心主机房核心交换机双机虚拟化。重要系统和数据库服务器接入实现双机端口虚拟化绑定。

(2)核心交换机之间虚拟化。万兆光纤连接线实行端口监听，一旦出现万兆光纤连接线端口不通，自动将一台核心交换机板卡所有端口宕掉。

(3)在灾备机房放置一台核心交换机，网络配置与主机房交换机相同，一旦主机房两台核心交换机故障，可以立刻启用灾备机房核心交换机，并连到核心机房所有设备。

2. 要严防接入信息中心机房的专网出现单点故障, 具体做法如下:

(1) 专网双线接入。要求光纤不同方向接入, 一条先到主机房再到备机房, 一条先到备机房再到主机房。

(2) 增加建设专网灾备网络到市管的各乡镇街道单位。

(3) 建设信息无线专网, 社区服务站出现光纤网络故障时, 可使用无线灾备网络。

(4) 主备机房之间放置 6~8 芯单模裸光纤 5 根, 确保网络安全和线路冗余。

3. 要严防服务器网卡故障或者接触不良所带来的系统故障, 具体做法如下:

(1) 重要服务器实现双网卡端口绑定, 确保无单点端口故障隐患。

(2) 做好包括网卡在内的日常常规巡检工作。

★ 总结建议

网络安全是行业信息业务系统运行的生命线, 必须慎之又慎, 宁可备而不用, 不可用而不备。

1. 要防止野外光纤被意外损伤断裂, 做法如下:

(1) 专网光纤双线不同方向接入。

(2) 建设专网灾备网络到各乡镇街道中心。

(3) 专网实行环网建设。

(4) 必要时使用无线灾备网络, 即启用无线专网网卡。

2. 一旦网络运行出现问题的时候做好应急:

(1) 专网间切换, 建立规范操作制度和申报程序, 确保网络安全。

(2) 必要时启用应急系统。

(3) 定期和不定期培训相结合, 提高应急反应能力。

★ 拓展知识

端口监听

端口监听: 指对客户端(个人计算机)所操作的一种信息记录。端口监听还用于实现对共享目录访问的监测和控制。

案例十六 核心机房选址不当限制信息化建设

★ 典型事件描述

某单位信息化已达到一定规模, 原有的机房是在信息化发展初期建造的,面积 60 平方米，是由办公用房改建而成，随着进一步的建设，服务器已经多达 60 余台，机房建设初期未充分考虑专业要求，只对房间进行了简单装修。同时，信息中心与中心机房距离较远，机房发生断电或高温等故障无法及时发现处理。

原因分析

1. 该单位机房建设的时间早，整体设计简单，没有配备专业的机房环境动力监控系统。在用 60 多台 PC 服务器，4 台 IBM 小型机，2 台三层核心交换机等，原有机房不仅使用面积已捉襟见肘，而且电力配置、承重加固都已达到极限，再继续使用会对内部信息设备产生不良影响，所以要求新建信息机房以满足当前的不断发展的需求。估算新机房可用面积不少于 200 平方米，UPS 机房与设备机房须分隔运行等。

2. 单位没有配套资金用于机房环境动力监控系统建设，缺少精密空调、环境监控、入侵监测等一些机房核心设备；UPS 的安装也不规范，与设备机器放置在同一区域，没有隔断墙，导致电池组的强电磁场影响服务器正常运行，急需温度预警。

3. 考虑到当前并没有专门为机房设计的建筑，只能从一些办公区域中选择合适的改建为信息机房，要从拥挤的现用房中挤出地方来做机房存在着许多困难，可供选择的地方不符合信息中心对专业机房的要求，如机房层高、承重、通风等。为保障信息系统稳定正常运行，需新建专业信息核心计算机机房，符合国家 A 级机房标准要求。

解决方案

为保障计算机机房设备正常运行，需要有一个标准机房供服务器、存储以及网络设备等正常运行。新核心机房的选址以大楼一层中间为最优；要求交通便捷，电源的供给稳定可靠；远离产生粉尘、油烟、有害气体以及生产或储存具有腐蚀性、易燃、易爆物品的场所(锅炉房、停车场、污水处理站等)；远离水灾火灾隐患区域(厨房、居民区等)；远离强振源和强噪声，避开强电磁场干扰(广播电视发射塔等)；远离主变、配电间，避免主干电力电缆穿越的场所，机房应尽量建立在建筑的中心位置，避免因线路过长，超出传输范围而造成信号衰减的情况；与垃圾房、厨房、餐厅保持相当距离，防止鼠害。

同时，新机房的建造需符合《电子计算机场地通用规范》(GB/T 2887—2000)等，建造工艺直接影响到后期使用。

总结建议

1. 网络中心机房是核心区域，运行着所有的数据设备，如果机房不达标，再先进的设备都无法保持信息系统正常稳定地运行。

2. 网络设备需要一个稳定运行的环境，任何先进的设备、庞大的数据都是不可靠的、脆弱的。只有保证了信息设备的正常运行，才有可能建立先进的信息化，帮助服务广大人民。

3. 各单位虽然都开始重视信息化运行，但往往忽略了一个支撑业务运行的基础平台，离不开人、财、物、地的投入。一个好的信息化发展的基础，机房是必不可少的一环，凑合着用是一种不负责任的方式，所以在选址时，一定要与相关领导和部门做好协调，从而保证信息化发展有一个好的机房环境的支持。

4. 网络中心机房是信息化工作的基础，许多单位为了节省费用，往往不重视机房的选址，把库房、办公区域、设备层甚至是地下室用作机房用地，可能带来暂时的方便快捷，但随之埋下了安全隐患，信息系统运行将遇到一些不可避免的麻烦。

小知识：核心机房环境建设需要注意哪些问题？

1. 供电问题。UPS 断电状态下不间断供电时间有限，此问题应首先考虑。同时，单路供电难免需要维修调整，冗余供电线路非常必要。

双路供电对数据中心机房非常重要，包括从低配间到核心机房配电柜，均需要双线供电同时具备 ATS 自动切换，同时最好能够配备应急发电机。

2. 机房防水问题。位置尽量不要选择在一楼或地下室，同时做好防水、防渗漏工作，机房进水事故是灾难性的。机房位置选择二楼及以上楼层，在做好承重的基础上，尽可能不要把 UPS 及电池放置在一楼或者地下室。

3. 恒温恒湿问题。温湿度直接影响服务器、存储和交换机等设备能否安全正常运行和设备的使用寿命。采用精密空调双机热备运行，做到恒温恒湿，最低程度影响服务器、存储和交换机等设备的安全运行和使用寿命。

4. 防雷安全问题。某些省市地区雷雨天气多发，雷击事件极易造成大量设备损坏。按照规范要求在市电配电柜和 UPS 配电柜电源通路上设

置防雷器，外围彩钢板设置铜线，地面设置铜条，确保雷击安全。

5. 漏水安全问题。机房内精密空调极易产生冷凝水、进水管发生破裂、渗漏等，一旦发生积水将会产生严重后果，必须予以重视。机房精密空调下方设置下水孔，周围做好挡水坝及防水措施，放置漏水检测线。

6. 环境监控问题。UPS 供电、市电、精密空调、温湿度、漏水等需要加强监控力度，以防安全事故发生，进行 24 小时无人监控，并设置自动电话和短信报警，同时每天人工巡检机房环境及设备。

7. 防静电问题。信息化硬件设备静电破坏问题也要重视，重要设备及板卡一旦被静电击享，将会产生严重后果。机房采用防静电地板，重要设备安装防静电腕带，平时必须注意防静电规范操作。

8. 保温问题。整体机房保温、防尘非常重要，否则不但浪费电力能源，同时也明显影响设备使用寿命。整体机房墙面采用隔音棉，天花板、地面铺设保温材料，提高精密空调工作效率，减少能源消耗。

9. 新风问题。机房设备运转及 UPS 电池极易产生有毒有害气体，必须要有足够的新风系统进行换气。核心机房和 UPS 机房分别放置新风设备，确保室内空气得到有效循环。

10. 消防安全问题。机房服务器存储交换机需要采用气体灭火装置，以免损坏设备及威胁数据安全。机房区域设置自动气体灭火装置，并与门禁等系统联动，尽可能在发生火灾的情况下减少损失。

案例十七　虚拟化技术弥补服务器资源不足

典型事件描述

某单位先后建成门户网站、区域业务系统、区域电子档案、区域数据中心、区域影像、区域财务管理、区域电子公文等系统，因经费有限，服务器不足，无法兼顾各系统应用，急需实现资源共享。

原因分析

每个信息系统的建设，都需要配备数据库服务器和应用服务器，从安全和稳定的角度考虑，还需配置备份服务器。由于该单位信息化建设涉及面广、工程量大、内容多，需要的服务器数量多，导致建设费用大，同时也给机房空间、电力供应、空调系统带来压力，并且后续运行、管理维护费用也大，需要对服务器进行虚拟化应用，实现资源的整合，降低信息化建设成本。

解决方案

服务器主要是由电源、处理器(CPU)、内存、硬盘以及各种接口构成。在实际应用中，服务器的CPU使用率比较低，平均使用率仅为10%左右。此外，服务器的内存、网络资源也有闲置。应用服务器虚拟化技术，可把一台服务器划分成多台相对独立的服务器，将服务器的CPU、内存等资源充分利用起来，这样就可以有效提高资源利用率，节省信息化建设的费用。

总结建议

当机房服务器数量在3台以上时，可以考虑应用虚拟机技术。但虚拟机技术也存在一些缺陷：一是对存储依赖性强。虚拟服务器的所有数据是存放在磁盘阵列中，一旦磁盘阵列发生故障，将会影响到所有的服务器。二是前期投入大。计划配备虚拟机的服务器，配置比一般服务器高，应确保有足够的硬件资源来分配给虚拟机使用。三是采购虚拟机管理软件也需要额外费用。

虚拟机在服务器上的应用，主要优点是：

1. 有效节省信息化建设的投入。目前一共有7台服务器，划分成18台虚拟机(其中正常使用12台，备份6台)，按每台服务器5万元计算，共节省前期购置费用$11×5=55$万元。另外，每台服务器每年耗电约2600度(按每台服务器300瓦计算)，整个机房每年大约节省用电$2600×11=28600$度。

2. 实现服务器统一集中管理在软件管理界面上，能清楚地查看各服务器的运行状态，如有故障可及时发现、及时处理。

3. 可以灵活分配服务器的资源。通过软件管理界面，可以调整服务器的CPU、内存和硬盘容量。当业务需求增加或减少时，可以灵活调整服务器的资源，杜绝资源浪费或者资源不足现象。

4. 方便服务器的迁移与备份。服务器硬件需要升级，可以将服务器里的虚拟机整体迁移到另一台机器上，也可以将整个虚拟机的数据(包括操作系统)进行镜像备份。

5. 可以建立服务器容灾系统。当某一台物理机发生网络故障或者硬件故障时，可以自动将该物理机上的虚拟服务器切换到另一台服务器(相当于双机热备)，也可以手工切换(相当于冷备)。

案例十八 网络结构设计简单引起核心交换机宕机

典型事件描述

某单位信息化建设初始阶段时组建网络，因早期网络应用相对简单，网络只有核心层——接入层，所有的数据交互都放在核心层进行。但随着事业发展和信息化建设的加快，信息交换量增大，经常引起核心交换机宕机，严重影响正常业务的开展。

★ 原因分析

该单位最早的网络以核心层——接入层模式进行设计，其优点是结构简单，实施方便，适合小范围区域使用；缺点就是无发展空间，不适应高速率数据、大数据访问传输，而且容易受到攻击。核心交换机面向网络内所有客户端，客户端任何一台设备都可直接与核心交换机交互，网络架构十分脆弱。

当单位规模发展到一定程度后，核心层——接入层模式的网络结构已不能适应正常业务需求，需要对现有的网络进行重新规划和部署。

★ 解决方案

建立强壮的网络构架以适应不断发展的信息化需要，对单位内网进行重新总体规划，以最小的成本改变网络结构。其解决方案分5步进行：

1. 购置双引擎三层核心交换机，并对网络接口进行规范要求。核心交换机主干链路用 SC 万兆接口，服务器接入为光纤 LC 千兆接口。原有的核心交换机作为在线式备用核心，网络正常时分担整体业务的 1/4 工作量，为新核心交换机的热备冗余。

2. 在每幢大楼的弱电机房内配置两台汇聚层交换机，其功能有三个：一是直接与核心交换机进行路由通信，中断客户端与核心交换机的直接联系；二是与该幢楼每层的弱电间内接入交换机进行数据分发与收集，其功能像是核心交换机的代理，分管该幢楼的所有接入交换机；三是做好冗余，两台汇聚层交机为在线热备模式，分别与核心交换机进行双链路通信，任何一路光纤链路失效都不会造成业务数据的中断。

3. 引入 QOS 管理，根据不同业务特性在内网实施针对业务类型的业务分流，如 VoIP 语音、TCP/IP 数据流、VPN 专线等。还必须考虑到网络本身存在的管理和控制信令等，保证所有数据流都能可靠传输。

4. 通过使用 VLAN、Spanning-Tree、LACP 技术对整个内网进行分区域、负载均衡、双链路通信，实现带宽资源隔离和阻止局域网内广播泛洪。

5. 建立 DMZ 区域，将外来网络线路，如某些专用网络接入到 DMZ 中进行数据过滤及保护，所有的前置机、数据处理服务器、Web 服务器等也接入该区域，利用核心交换机上的 PIX 防火墙、专用 DPS 系统及行为准入系统进行串连接入保护，任何对服务器的操作都要进行筛选，在网络层上有效保护了服务端。

通过以上 5 步的实施，该单位内网改造成功，将原有扁平状二层网络结构发展为具有良好可扩展性的立体三层结构，不仅在可扩展性上有了长远的考虑，而且在性能、安全方面提升不少，适应信息化长远的发展。

⭐ 总 结 建 议

二层网络结构改为三层是发展趋势，如不改变会使信息发展遇到瓶颈。在目前重数据轻网络的信息化时代，人们往往将注意力放在数据服务端，因为数据服务端见效快，实施方便，一台新设备的上线有可能就是一个层次的提升，而网络的规划要考虑整个区域及现有网络线路的布局，实施较慢，成果在短期内体现不出。所以，要想信息化平稳长远发展，网络方面不可忽略，就像水桶效应，容水量永远是最短的那块木板决定。

⭐ 拓 展 知 识

QOS 管理、VoIP、泛洪、DMZ 区域、PIX 防火墙、DPS 系统

1. QOS(Quality of Service，服务质量)指一个网络能够利用各种基础技术，为指定的网络通信提供更好的服务能力，是网络的一种安全机制，是用来解决网络延迟和阻塞等问题的一种技术。

2. VoIP(Voice over Internet Protocol)即网络电话，将模拟的声音信号引经过压缩与封包之后，以数据封包的形式在 IP 网络进行语音信号的传输，通俗来说也就是互联网电话或 IP 电话。VoIP 网络电话，中文就是通过 IP 数据包发送实现的语音业务，它使用户可以通过互联网免费或是资费很低地传送语音、传真、视频和数据等业务。

3. 泛洪(Flooding)是交换机和网桥使用的一种数据流传递技术，将某个接口收到的数据流从除该接口之外的所有接口发送出去。

4. DMZ 是英文"Demilitarized Zone"的缩写，中文名称为"隔离区"，也称"非军事化区"。DMZ 通常是一个过滤的子网，DMZ 在内部网络和外部网络之间构造了一个安全地带。网络设备开发商，利用这一技术，开发出了相应的防火墙解决方案，称为"非军事区结构模式"。DMZ 区域的建立，可使内部网络访问 DMZ 区域，外来专用网络也可访问 DMZ 区域，但内部网络与外来专用网不能直接进行数据交互，避免了内部网络受到外来的攻击，有效地保护了内网安全。

5. PIX 是 Cisco 的硬件防火墙，硬件防火墙有工作速度快、使用方便等特点。PIX 有很多型号，并发连接数是 PIX 防火墙的重要参数。PIX25 是典型的设备。

6. DPS(Distributed Power Supply)，即分布式电源系统，是一种相较于传统 UPS 不同的供电系统，它将电源系统 DPS 模块直接集成在机柜内部，可配置多种供电方式，可消除单点故障带来的业务中断。

案例十九　巡检制度不完善导致业务系统变慢

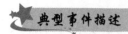 **典型事件描述**

某单位一早反馈，某业务系统越来越慢，并且出现错误提示"客户端无法连接"。经过数据库日志分析，数据库正常，但服务器整个操作速度一直很慢。经过分析，该单位采用虚拟机作为数据库服务器，并且自从开机以来超过半年没有重新启动过，检查操作系统日志，提示"两份 RSM 数据库都不一致：使用主数据文件重新构造"。因此，重启服务器并启动虚拟机，系统恢复正常运行。

原因分析

1. 采用虚拟机作为数据库服务器，长期不重启，导致资源耗尽。
2. 日、周、月等例行检查未执行，导致无法提前避免事故发生。

解决方案

该单位建立了一套服务器巡检制度，保障信息系统安全运行。

1. 做好例行事务检查

(1)日常例行事务：

①机房运行状况检查，包括机器运行情况、供电情况、温度、湿度等。

②服务器资源使用情况检查，包括服务器的 CPU、内存、SWaP、I/O 等情况查看。

③数据备份情况检查，备份包括逻辑备份、物理备份等，根据备份策略查看备份是否成功，并检查备份磁盘空间情况。

④应用服务运行情况检查，主要查看应用服务器日志、应用程序运行状态。

⑤数据库归档日志空间检查，尽量保证归档空间使用率在40%以下。

(2)周例行事务：

①数据库基本情况查看，主要包括表空间、监听日志、Alert. log、Trace 日志。

②数据库性能检测，主要包括 AWR 性能报告、ADDM 自动诊断建议报告，并将性能检测报告提供给数据库服务商、软件开发商做针对性处理。

③操作系统日志查看，主要包括系统日志、安全日志、应用程序日志。

（3）月例行事务：

①各类月报数据核对。

②应用服务器重启。

③应用程序重启。

（4）定期事务：

①定期进行应急演练，建议每半年一次。

②定期重启核心数据库服务器，视具体服务器类型来定，例如 Windows 建议每季度重启一次、Unix 建议每年重启一次。

③定期重启核心网络设备。

2. 做好应急系统的建设

建设一套应急备用系统，该系统应该具有运行业务系统所需要的一切资源，包括服务器等硬件，以及后台数据库、应用程序、中间件等。

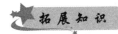 **总结建议**

1. 机房的安全巡检，每天必做功课。

2. 建设一套应急备用系统。

拓展知识

RSM、SWaP

1. RSM（Realshot Manager）是 SONY 公司开发的一款视频监控软件，也就是网络摄像机管理软件。

2. SwaP，即交换分区，类似于 Windows 的虚拟内存，就是当内存不足的时候，把一部分硬盘空间虚拟成内存使用，从而解决内存容量不足的情况。

案例二十 信息系统人员权限管理混乱存在安全隐患

典型事件描述

某单位业务信息系统因增加功能模块，需要对该单位工作人员进行权限分配，负责分配权限的工作人员对每个组增加该功能，导致部分操作人员原有功能丢失。问题出现后立即排查处理，处理过程中发现修改组的权限影响了组里的每位成员，还发现职工退休或离职后还拥有工作权限。

原因分析

1. 许多单位的信息系统都由多个开发商提供，每个系统权限都在不同的系统中设置，而且同一个开发商不同系统权限设置也不一样，不能在同一个平台进行统一管理分配，给维护人员的管理工作带来许多困难。

2. 许多单位管理不规范，人员离职或退休手续不经过信息中心或者没有按正规流程经过信息中心这个环节，导致信息中心管理人员没有修改人员权限的信息，没有及时处理。

3. 信息中心权限维护管理人员操作不合理，例如某些系统中权限维护分为系统权限、组权限、人员权限三级管理，部分维护人员为了图方便、简单，只设置一个组权限，所有人员都放在同一个组里面，放在同一个组里面虽然维护查找方便，但如果系统需要增加一个新功能，而该新功能又只是给部分人员使用，维护人员在权限分配时容易出错或漏配。

解决方案

1. 信息系统权限维护管理人员修改不合理的权限设置，建立多个不同的用户组，分配好权限，并把用户归入相应的组内。信息系统都有人员权限三级管理机制。第一级，为系统管理级，该管理级别设置了功能菜单的不可见，即除管理员外的所有操作员都没有该功能；第二级，根据用户的职务或者工作业务设置用户组权限级别，所有组内成员权限一致；第三级，用户级权限，由于此类人员较少，但工作业务变动较为频繁，该类用户需要根据每个人进行权限设置。

2. 规范人员流动管理。单位人员在人事调动时，相关职能部门将调动信息通知信息中心，使信息中心及时备案及进行权限修改，如权限调整(人员权限A组调到B组)、人员离职或退休(收回所有系统权限、在人员信息设置中，将人员状态设置离职或退休)、新增人员权限(增加人员信息、设置分配权限)，同时做好权限调整台账记录。

3. 通过对信息系统的升级与改造，将信息系统的权限设置集中管理，建立统一权限管理平台。该平台可以对所有系统进行权限分配工作，不需要登录到不同的信息系统进行操作。

4. 在整个管理信息系统中，角色权限的分配只能由专人进行操作，包括用户的增加和删除、用户权限的修改、权限的回收等功能，保障信息系统的统一管理。

总结建议

不同职责的操作人，对于系统的操作权限应该是不同的，这是一个业务系统需具备的最基本的功能，人员权限管理平台应由人事部门统一给出设定与管理要求，可以通过该平台配置不同的系统人员权限。

案例二十一 网络安全法第一案：没保存日志被查

★ 典型事件描述

重庆市公安局网安总队查处了一起网络运营者在提供网络服务过程中，未依法留存用户登录网络日志的违法行为，这是自 2017 年 6 月 1 日《中华人民共和国网络安全法》（以下简称《网络安全法》）实施以来，重庆市公安机关依法查处的第一起违反《网络安全法》的行政案件。

网安总队在日常检查中发现，重庆市首页科技发展有限公司自 2017 年 6 月 1 日后，在提供互联网数据中心服务时，存在未依法留存用户登录相关网络日志的违法行为，决定给予该公司警告处罚，并责令限期 15 日内进行整改。

★ 原因分析

违反了《网络安全法》第二十一条（三）项、第五十九条之规定，严格规范了网络运营者记录并留存网络日志的法定义务。

公安机关在日常办案过程中发现，大量互联网信息安全隐患和基于此的违法犯罪行为，都是因为访问日志留存规范不健全，违法犯罪分子乘虚而入，最终对用户合法权益造成危害。违法犯罪行为还会利用日志留存的漏洞，逃脱公安机关的循线追缉，导致网络违法犯罪案件的嫌疑人逃脱法律制裁，给公民和企业的合法权益带来损害。同时，遵守日志留存的相关规定，对网站运营者本身也有着极其重要的安全防护作用，不仅能够留存历史数据，更为未来可能发生的安全威胁消除了隐患。

★ 解决方案

该公司收到《行政处罚通知书》后，立即编制了《整改方案》并着手实施整改，做好网络日志的留存。

★ 总结建议

1. 加强《网络安全法》的学习和解读。进一步明确网络日志是公安机关依法追查网络违法犯罪的重要基础和保证，能够准确、及时查询到不法分子的互联网日志，可为下一步循线追踪，查获不法分子打下坚实基础。

2. 深刻认识：网络安全靠大家，学法关乎你我他。

拓展知识

《网络安全法》第二十一条(三)项、第二十五条、第五十九条

第二十一条　国家实行网络安全等级保护制度。网络运营者应当按照网络安全等级保护制度的要求，履行下列安全保护义务，保障网络免受干扰、破坏或者未经授权的访问，防止网络数据泄露或者被窃取、篡改：

(三)采取监测、记录网络运行状态、网络安全事件的技术措施，并按照规定留存相关的网络日志不少于六个月；

第二十五条　网络运营者应当制定网络安全事件应急预案，及时处置系统漏洞、计算机病毒、网络攻击、网络侵入等安全风险；在发生危害网络安全的事件时，立即启动应急预案，采取相应的补救措施，并按照规定向有关主管部门报告。

第五十九条　网络运营者不履行本法第二十一条、第二十五条规定的网络安全保护义务的，由有关主管部门责令改正，给予警告；拒不改正或者导致危害网络安全等后果的，处一万元以上十万元以下罚款，对直接负责的主管人员处五千元以上五万元以下罚款。

案例二十二　忽视态势感知，影响国家安全

典型事件描述

网络空间安全问题随着网络技术的广泛应用与快速发展，日益严重，接入互联网的政府网站和重要信息系统的安全受到严重威胁，网络安全事件频发，严重影响国家安全、社会公共安全和人民群众切身利益。

原因分析

1. 缺少统一的流程管理。在安全的运维过程中，一般分为：威胁预警、态势分析、攻击防御、深度分析、攻击溯源、系统加固等多个节点，但是在目前的运维过程中，只重视攻击防御，攻击的预警、攻击的分析、攻击的溯源、系统的加固等方面都缺乏有效的技术手段与流程管理，同时在不同的攻击场景下，攻击类型的不同导致了攻击的处理方式不同，造成了运维过程中的畸形化。

2. 安全运维人员缺乏智能化工具。传统的安全运维人员通过各种安全设备机械的获取结果，没有从业务场景、业务系统、资质环境、安全态势等多个角度进行安全分析与综合预警，辅助分析的技术工具与产品的缺少更加放

大了这个缺点，造成发现攻击后需要依赖本地安全攻击的渗透专家来进行辅助，无法形成本地有效的安全防御体系。

3. 缺少大数据分析技术。大数据分析技术在各个行业中已经具备了有效应用，在信息安全领域，通过大数据的分析技术，可以改变当前"黑客主动攻击、企业被动防御"的恶劣环境，这依靠对安全大数据中的数据挖掘以及安全可视化等技术，将挖掘出来的重要信息联动于当前的安全防护体系中来。传统的 Web 安全解决方案提供商一方面没有数据基础，一方面没有数据挖掘的技术能力，未能有效地对现有的技术与产品进行改进。

4. 防御体系轻易被穿透。网站协议开放、多变，黑客的攻击手段在不断发展，0day 漏洞、APT 攻击、DNS 攻击、暴力破解等攻击手段的出现频率越来越高，传统的 Web 安全解决方案更多的依赖本地特征库进行防御，一方面已无法应对 0day 漏洞、APT 攻击等新型攻击方式，一方面针对 DNS 的攻击、高压力下的 DDoS 攻击，传统安全设备的防御效果甚微。造成了客户的投入巨大，但是在真正遇到攻击的时候，防御体系依然被穿透。

★ 解决方案

监管单位重点关注的是态势感知和预警通报，覆盖本单位的重要系统及终端计算机的僵、木、蠕、毒的安全态势、行业网站安全态势、行业重要信息系统流量异常监控(如 DDoS 攻击)、重要信息系统遭受未知威胁及 APT 攻击的监控等。

监管部门需要重点做好网络威胁态势感知和预警通报两方面的建设。态势感知内容如上所述(包含网站安全监测、DDoS 攻击监测、僵木蠕毒监测、未知威胁与 APT 监测)，预警通报方面做到:

1. 通报全面化:通报体系完整全面。

2. 通报流程化:构建简洁有效的安全通报流程。

3. 通报自动化:通过自动化处理流程完成通报机制可控、可查、可回溯。

4. 通报可视化:通过有效的可视平台将通报流程和通报结果输出进行分级、分权可视。

5. 通报联动化:通过一定的联动技术，将通报结果有机结合通报手段(邮件、短信、微信等)确保通报措施及时有效。

★ 总结建议

态势感知，即"利用当前数据趋势预测未来事件"，其思路是通过现有的数据预测即将到来的网络攻击，并进行必要的防护。2017·中国互联网安全大会召开，与会人员普遍认为，网络安全形势复杂严峻，亟须提前谋划，努力做到防患于未然。网络安全态势感知能力建设、应急处置等方面，需要不断强化，态势感知代表了网络安全攻防对抗的最新趋势。

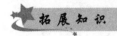

APT 攻击

APT 攻击：Advanced Persistent Threat，是指高级持续性威胁。利用先进的攻击手段对特定目标进行长期持续性网络攻击的攻击形式，APT 攻击的原理相对于其他攻击形式更为高级和先进，其高级性主要体现在 APT 在发动攻击之前需要对攻击对象的业务流程和目标系统进行精确的收集。在此收集的过程中，此攻击会主动挖掘被攻击对象受信系统和应用程序的漏洞，利用这些漏洞组建攻击者所需的网络，并利用 0day 漏洞进行攻击。

案 例 总 结

在网络管理工作中坚持采取多种措施防范网络安全事件的发生。

1. 要严格遵守各项规章制度。这是保证安全的首要前提，如果我们的每一项工作都做到有章可循、有章可依的话，事故发生几率必然会大大减小，如在一项具体工作中，工作前，认真进行危险点的分析，做好安全措施，开好前会，将各项制度履行到位，尽可能把不确定因素、不安全状态、不安全行为造成事故的可能性降到最低。

2. 提高思想意识，做到预防为主。有时候不一定是技术防范上出现了失误，安全意识不高是导致网络安全风险与典型事件发生的重要因素之一。必须提高思想意识，开展形式多样的安全思想教育培训活动，牢固树立"安全第一，预防为主"的思想，变"要我安全"为"我要安全"，使安全深入人心。

3. 要高度重视网络舆情监测管理，并牢固树立大局意识、责任意识，加强网络安全教育工作，必须坚守法律底线，对通过论坛、博客、微博、QQ 群、微信、朋友圈等发布的信息要加强自身鉴别力，尤其是在新闻跟帖、转帖时，做到不造谣、不信谣、不传谣。要切实增强舆论安全意识，不断提高舆论引导工作水平，确保各类新闻、信息发布有利于政府工作大局，有利于维护人民群众的切身利益，有利于社会稳定和人心安定，有利于事件的妥善处置。

4. 不断提升业务技能，与时俱进。不断加强对业务知识的学习，提高专业技术能力，这是保证安全的重要手段之一。鼓励从事林业信息化人员通过多种渠道学习掌握现代信息技术，拓宽视野，不断提高理论水平和业务素质，为加强网络信息安全建设添砖加瓦。

5. 严格工作检查和考核机制。今后，进一步加强对网络安全工作责任制的落实，依法落实网络安全工作保障措施，加大对网络安全工作的检查考核力度，有重点地组织开展网络安全工作专项整治行动，降低和减少各类安全事故的发生。

第四节　用户终端类

案例二十三　勒索病毒"永恒之蓝"席卷全球

★ 典型事件描述

2017 年 5 月 12 日，一款 Windows 敲诈勒索病毒大规模爆发，在全国大范围蔓延，感染用户主要集中在企业、高校等内网环境。现象：Office、图片等文档的文件名被篡改成一串字母和数字组成的乱码，且不能打开，在每个目录下留有一个相同文档，提示计算机的文件被加密，要求在 5 天内支付一个比特币（市场价 4700 元）才能解密，5 天后需要支付 2 个比特币。事实上，中招的系统文档、图片资料等常见文件都会被病毒加密，然后向用户勒索高额比特币赎金，并且病毒使用 RSA 非对称算法加密，没有私钥就无法解密文件。如果在规定时间内不支付，文件数据就会被"撕票"，在企业环境下系统应用文件的破坏很多时候直接导致业务中断。

★ 原因分析

1. 技术上出现了新的病毒。经技术人员检查，计算机中了敲诈勒索木马病毒，是由不法分子利用之前泄露的 NSA 黑客数字武器库中"永恒之蓝"工具发起蠕虫病毒攻击，进行勒索，相应的蠕虫病毒命名为"永恒之蓝"蠕虫（也称为 WannaCry）。其构造的恶意代码会扫描攻击存在漏洞的 Windows 机器，无需用户任何操作，只要开机上网，不法分子就能在计算机和服务器中植入恶意代码加密用户数据实施数字勒索。

病毒爆发使用了已知的 Microsoft Office/WordPad 远程执行代码漏洞（CVE-2017-0199），通过伪装成求职简历电子邮件进行传播，用户点击该邮件后释放可执行文件，病毒在成功感染本机后形成初始扩散源，再利用"永恒之蓝"漏洞在内网中寻找打开 445 端口的主机进行传播，使得病毒可以在短时间内呈爆发态势，该病毒在感染后写入计算机的硬盘主引导区，相较普通勒索病毒对系统更具有破坏性。

国内曾多次爆发利用 SMB 服务传播的蠕虫，部分运营商在主干网络上封禁了 445 端口，但是教育网及大量企业内网并没有此限制而且并未及时安装补丁，所以仍然存在大量易受攻击的计算机，导致蠕虫的泛滥。

2. 防范意识存在疏漏。思想上未引起足够重视，认为办公用计算机都连接了政务网，若有病毒，中心机房设备一定会阻拦，错误认为计算机不会遭受攻击。用户对木马、病毒缺乏认识，未进入安全就绪状态就急于操作，结果导致敏感数据暴露，使系统遭受风险。

3. 防范机制不够健全。在整个网络运行过程中，缺乏行之有效的安全检查和相应的防护制度，杀毒、防护系统的漏洞更新不及时，致使安全防护能力减弱，网络安全隐患不能在第一时间被拦截，等发现时已为时已晚，造成不必要的损失。

4. 安全管理人才匮乏。目前从事网络安全管理的工作人员大都不具备安全管理所需的最新技能和知识，信息安全技术管理人员无论是数量还是水平，都无法适应当前信息安全形势的需要。

解决方案

对于 Windows 7 及以上版本的操作系统，微软已发布补丁 MS17-010 修复了"永恒之蓝"攻击的系统漏洞，需立即安装此补丁。

对于 WindowsXP、2003 等微软按计划已不再提供安全更新的机器，针对本次影响巨大的网络攻击事件，微软特别提供了补丁，需尽快安装。

基于攻击面最小化的安全实践，建议关闭并非必须使用的 Server 服务。

总结建议

1. 日常工作管理

(1)及时升级操作系统和关键软件的漏洞补丁，确保系统和软件安全。

(2)谨慎打开不明来源的电子邮件。

(3)在组织内部网络中关闭非必要的用户共享和 139、445 等危险端口。

(4)及时备份重要数据。

2. 加强网络安全防范体系建设。充分研究和分析在信息领域的利益和所面临的内外部威胁，结合工作实际构建网络安全防范体系，尤其要加强入侵检测系统建设。

3. 加强信息安全基础设施建设。建立一个功能齐备、全局协调的安全技术平台，包括应急响应、技术防范和公共密钥基础设施(PKI)等系统，与信息安全管理体系相互支撑和配合，并投入足够的资金加强关键基础设施的信息安全保护。

4. 加强网络安全管理方面人才建设。各单位尤其是重要的政府部门，要配备至少一名专门的网络安全管理人员，负责本单位的网络信息安全，来应对越来越严峻的信息网络安全防护形式。

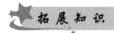

SMB 服务、445 端口、139 端口

1. SMB 服务：SMB(Server Message Block)是一种复杂的协议，SMB 服务的作用在于计算机间共享文件、打印机和串口等。如果 SMB 服务未启用，将影响一些功能的正常使用。

2. 445 端口：445 端口是一个毁誉参半的端口，有了它我们可以在局域网中轻松访问各种共享文件夹或共享打印机，但也正是因为有了它，黑客们才有了可乘之机，他们能通过该端口偷偷共享你的硬盘，甚至会在悄无声息中将你的硬盘格式化掉！

3. 139 端口：139 NetBIOS File and Print Sharing 通过这个端口进入的连接试图获得 NetBIOS/SMB 服务。这个协议被用于 Windows"文件和打印机共享"和 SAMBA。在 Internet 上共享自己的硬盘是最常见的问题。

案例二十四　办公计算机系统缓慢，使用异常

典型事件描述

某单位信息中心计算机维修、系统重装的工作量日渐增多，报修的主要原因是系统反应很慢，部分办公软件使用异常，时常重新启动等；报修数量增多，运维人员工作量负荷加大，影响到工作积极性。运维人员一直认为是计算机陈旧引起的故障，部分处室反复报修，反映强烈，有部分工作人员要求更换新计算机。批量换新计算机需要资金量大，没有相应预算，实施较为困难，对维护工作带来阶段性的巨大影响。

原因分析

信息中心经过典型工作站分析及用户使用访谈，发现问题计算机虽然陈旧，但仍可以使用，硬件运行基本正常。维修过程中发现客户端中存在各种各样的电子书和单机游戏，且大部分问题现象是死机，判断为大批量中病毒。该单位采用内外网隔离，通过网络感染病毒的机会不多，经过仔细排查发现，病毒是通过 U 盘或是移动硬盘带入。

解决方案

针对现状，部署安装桌面管理软件及防杀毒软件，实时监控全单位客户端及服务器，具体流程如下：

1. 部署 USB 及移动设置禁用，并布置至全单位客户端，防止未经授权文件进入内网。

2. 部署全单位客户端定时监控，为后续故障分析提供数据支撑。

3. 部署行为监控，提供系统操作痕迹保留、文件删除保护等功能，保证系统可还原，可追溯。

4. 部署全单位级防杀毒软件，建立定时杀毒机制，实时推送更新病毒库，保证客户端及时防护，并定时分析防护周报，定位问题计算机，精确维护。

总结建议

本事件突出了一个问题，在内外网隔离的基础上，外部存储的接入防控也是信息中心运维工作的重中之重。传统的修改注册表禁用 USB 存储的手段，已经无法解决日益复杂的接入，内网防护软件引入该方面的问题，需要定期进行排查病毒，对终端进行实时监控。另外，内网防控软件也不能解决所有风险问题，必须配合防杀毒软件加以辅助，才可以构建安全可靠的内网环境，同时运维人员也需要提高责任心。

案例二十五　一条帖子换来的拘留

典型事件描述

一位名为"心中无曲"的网民，在百度"景县吧"中发了一个帖子，名为"不让下雨！坑苦了农民"，而被警方治安拘留。

原因分析

由于在雨季景县不下雨，张某在微信群中看到关于景县不下雨因为来雨就用炮给轰走了的这一消息，没有经过核实真假，出于好奇，想让更多的人知道。便转到百度景县贴吧中，此谣言的发布，扰乱了公众秩序，根据《中华人民共和国治安管理处罚法》，张某被警方治安拘留(2017 年 7 月 21 日，景县公安局网安大队网络巡查发现)。

解决方案

主动学习《刑法》《网络安全法》等法律法规，提高转帖辨别真假的意识，做到不信谣，不传谣。

网络上要理性发言，转载也要学会辨别真假。

1. 明确认识网络非法外之地。大家在遇上类似信息时，要注意甄别，判断其真实性，无法判别也无法求证的，绝不转发，自觉做到不造谣，不信谣，不传谣，共同维护好和谐、文明、有序的网络社会舆论环境。

2. 认清谣言的危害是不可估量的，不能再让谣言出现在网络上。公安部门应将继续加大对网络平台的监管，同时联合各相关部门，对于无事生非，恶意制造谣言之人，一律给予重处。净化网络空间，人人有责！

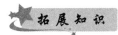

法律依据：

1. 散步谣言，可参考《中华人民共和国治安处罚法》第二十五条和第四十二条。

《中华人民共和国治安处罚法》第二十五条　有下列行为之一的，处五日以上十日以下拘留，可以并处五百元以下罚款；情节较轻的，处五日以下拘留或者五百元以下罚款：

（一）散布谣言，谎报险情、疫情、警情或者以其他方法故意扰乱公共秩序的；

（二）投放虚假的爆炸性、毒害性、放射性、腐蚀性物质或者传染病病原体等危险物质扰乱公共秩序的；

（三）扬言实施放火、爆炸、投放危险物质扰乱公共秩序的。

第四十二条　有下列行为之一的，处五日以下拘留或者五百元以下罚款；情节较重的，处五日以上十日以下拘留，可以并处五百元以下罚款：

（一）写恐吓信或者以其他方法威胁他人人身安全的；

（二）公然侮辱他人或者捏造事实诽谤他人的；

（三）捏造事实诬告陷害他人，企图使他人受到刑事追究或者受到治安管理处罚的；

（四）对证人及其近亲属进行威胁侮辱、殴打或者打击报复的；

（五）多次发送淫秽、侮辱、恐吓或者其他信息，干扰他人正常生活的；

（六）偷窥、偷拍、窃听、散布他人隐私的。

2. 造谣严重侵犯人权时，可以参照《刑法》侵犯人身权利的条款。

诽谤罪《刑法》条文第二百四十六条　以暴力或者其他方法公然侮辱他人或者捏造事实诽谤他人，情节严重的，处三年以下有期徒刑、拘役、管制或者剥夺政治权利。

侮辱罪《刑法》条文第二百四十六条　以暴力或者其他方法公然侮辱他人或

者捏造事实诽谤他人，情节严重的，处三年以下有期徒刑、拘役、管制或者剥夺政治权利。

案例二十六　常见手机或客户端安全事件

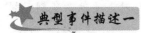

1. 2015 年 4 月，江苏省徐州市淘宝卖家王某到公安机关报案，称其支付宝账号内余额被盗 3996 元。江苏徐州公安机关侦查发现，犯罪嫌疑人以定做家具名义向受害人 QQ 发送伪造成图片样式的木马程序，利用该木马程序将受害人支付宝账号内余额盗走。该木马程序具有远程控制、键盘记录、结束进程等功能，并且可以避免被主流杀毒软件发现。用户一旦被植入木马程序，用户计算机即被嫌疑人监控，当受害人登录网银、支付宝等网站时可以获取受害人的账户密码等信息。

2. 很多人都收到过"赵＊，你看你最近都做了什么好事，http：//t. cn＊＊，都传到网上了。"或者"王＊，你竟然做出这样的事，实在让人不能原谅！"这样的短信，后面附有网络链接。市民李先生收到这样一个类似短信后，顺手点开。

之后的某一天，李先生刚谈完一单生意，需给合作伙伴汇款 2 万元。收到伙伴发的银行卡账号后，李先生将 2 万元打入该账号，但对方称没有收到款项。李先生随即报警。李先生的生意伙伴所发的账号短信，被一个手机木马病毒屏蔽了，然后该木马发了犯罪嫌疑人的账号给李先生。

3. 扫码领红包，反被骗 4000 元！小廖在淘宝上寻找自己中意的宝贝，当他看到一件价值 100 多元的牛仔裤后，就拍了下来。让他惊喜的是：刚拍下宝贝，店家便表示要送他"红包"。小廖不假思索对着店家发过来的二维码扫了一下。不料，这一扫竟扫出了麻烦。短信显示：小廖卡内的 4000 多元被分四次转走了。

原因分析

不法分子通过微信、QQ、短信、二维码等，诱导受害者接收或下载木马病毒程序，当接收或者点击相关的链接后，木马程序会潜伏在受害者的计算机或者手机中，通过劫取受害者的手机短信，更改支付宝密码，进而盗取受害者的银行卡、支付宝、微信等账户信息，进行盗取。安全意识薄弱，抵挡不住诱惑！不法分子也正是利用了受害者贪图小便宜的心理，设置五花八门的陷阱，令人防不胜防！

★ 解决方案

1. 对计算机及手机进行全面杀毒，如情况较严重，可以重新安装操作系统。

2. 及时修改各类关键账号的密码等信息。

★ 总结建议

1. 不轻易接收陌生人发送的文件，不扫描来路不明的二维码。

2. 扫码后不要随意提交个人的关键信息，特别是银行卡号、身份证号、手机验证码等。

3. 不随便点击下载并安装未知的软件。不明短信链接不点，不明文件不下载，不明邮件不看，同时强烈建议到正规的应用市场下载软件。

4. 计算机及手机上安装防护软件，实时安全保护，并定期进行查毒杀毒，就可以在扫描恶意二维码时进行屏蔽和拦截，实时安全保护，防止病毒入侵。

5. 要加强安全意识，安装安全软件，下载免疫工具，备份重要文档至移动硬盘或 U 盘。

6. 防御意识贵在时常，养成备份和及时更新的习惯，不管是计算机，还是手机，时时备份数据，这样即使计算机损坏，手机丢失，也能将损失降至最小。

★ 拓展知识

二　维　码

二维码是用某种特定的几何图形按一定规律在平面(二维方向上)分布的黑白相间的图形记录数据符号信息的。在代码编制上巧妙地利用构成计算机内部逻辑基础的"0""1"比特流的概念，使用若干个与二进制相对应的几何形体来表示文字数值信息，通过图像输入设备或光电扫描设备自动识读以实现信息自动处理。它具有条码技术的一些共性：每种码制有其特定的字符集；每个字符占有一定的宽度；具有一定的校验功能等。

★ 典型事件描述二

电话响了一声就挂了，没过多久再响一声，又挂了……

生怕误事，匆匆忙忙回拨，竟然是广告！

真是防不胜防！这背后到底又是什么阴谋呢？

★ 原因分析

"响一声"电话多是不法分子用特殊群拨设备或软件自动拨号，对指定号码或号码段进行拨打，一旦小伙伴的固话或手机上显示出来电号码后立即挂断。

一类情况为：如果不知情的小伙伴回拨此号码，就有可能听到各类声讯广告。"您好！我们公司最近有优惠活动，XXXXXX"。

另一类"响一声"电话显示的是非普通号码，如96、168等开头的声讯台号码。主要为部分取得正规营运资质的声讯台或信息服务（SP）公司，若回拨就可能会产生信息费。对于来电显示号码为国际长途字冠的"00"或"+"时，若大家已开通国际长途业务，回拨后可能产生相应的国际长途电话费用，但不会产生高额信息费。

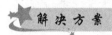

解决方案

如何避免"响一声"骚扰？

第一招：对"响一声"电话进行标记，拉进手机"黑名单"避免再次受到骚扰。

第二招：选用具有"拦截"功能的软件，通过该功能屏蔽"响一声"号码。如移动自主研发的"手机安全先锋""移动手机卫士"等绿色免费软件等。

总结建议

要想将"响一声"电话"一锅端"，还需要大家的共同努力及完美配合，所以在遇到"响一声"电话时一定要及时举报，不给不法分子喘息的机会！

典型事件描述三

共享充电，是"雪中送炭"还是暗藏危险？手机充电两分钟，偷装应用程序四五个。手机充电桩也已在机场、车站、商场、餐厅等公共场所悄悄布局。就在2017年的"3·15"晚会上，共享充电这一共享经济的新模式着实也"火"了一把，在央视报道的视频中，用户个人信息在毫不知情的情况下，个人身份信息、电话号码、甚至刷卡消费都很容易通过共享充电桩泄露，看得人不寒而栗。

原因分析

公共充电桩会诱导手机用户开启USB调试，实际上这就将手机的内部权限完全交给对方。一旦点击开启，计算机、充电桩等与手机相连，即可不经用户同意偷偷安装手机软件，甚至是恶意程序。而一旦用户的手机被安装恶意程序，用户手机中的支付账号、密码、身份证信息、联系人信息、照片等隐私信息均可能被不法分子恶意获取，进而盗刷手机用户的银行卡，造成用户钱财损失。

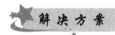

不要开启 USB 调试

日常生活中要养成良好的手机使用习惯，在公众场所，用户尽量自备充电器、充电宝等设备，使用公共充电设备不要开启 USB 调试，避免遭受财产损失。

如果在使用共享充电时遇到被安装恶意软件，被恶意扣费，消费者可以报警处理，这种行为涉及刑事犯罪，可以由公安机关立案侦查。

加强学习，做好个人信息防范，强化隐私保护意识。

小知识：如何防范个人信息泄露？

手机号、家庭住址、身份证号，甚至是孩子的学校都已不再是秘密，要进一步强化隐私保护意识：

1. 妥善保管个人信息，不要将身份证、学生证、工作证、护照等关键证件的照片存放在手机或网盘中。

2. 在处理快递单时先抹掉个人信息再丢弃。

3. 尽量使用较复杂的密码，或开启双重验证。

4. 避免使用公共 WiFi，如需使用，请不要进行登录网银，购买支付等操作。

5. 旧手机淘汰前，恢复到出厂状态，并使用电影之类的大文件填充剩余空间。

6. 安装安全卫士或管家类软件，防止因中病毒导致个人隐私泄露。

典型事件描述四

当心！微信、支付宝、QQ 的漏洞。

使用微信或者其他社交类软件时，你有没有遇到这种情况：有人添加你为好友，请求显示："来自通讯录好友"。

可是，你压根儿想不起这人是谁……

这就对了……

因为她根本就不在你的通讯录里……

原因分析

其实，这是一些别有用心的人利用微信本身自带的功能，为"高效"添加

093

陌生人玩的一种招数，利用了以下条件：

1. 你的微信是跟手机号绑定的。

2. 你的微信设置的是允许别人通过手机号搜到你。

3. 对方有你的手机号。

解决方案

1. 分析关键点：陌生人为什么有你的手机号？

一方面：微信发送添加好友请求的时候，除非对方设定的是完全自动通过，否则需要验证。如果对方在验证信息中填写"来自手机通讯录"，对方微信姓名下面就显示"来自手机通讯录"。

另一方面：用这招的人多半是"图谋不轨"。因为你的手机号码已经被存在了别人的手机上了。这就是明明"来自手机通讯录"，而你完全想不起她是谁的原因。同样，只要陌生人在手机里存上你的手机号码，并且手机号与QQ号进行了绑定。然后通过手机通讯录添加QQ好友，你的QQ号上也会显示来源：来自手机通讯录。

经测试，支付宝等很多可以添加好友的软件，都存在相关的漏洞。

2. 拒绝添加来自手机通讯录的陌生好友。

总结建议

充分了解这类漏洞的风险：

1.【添加此类好友的风险】对方会冒充成你的亲戚、朋友等向你借钱或发生其他诈骗行为。

2. 向你发送骚扰信息，如各类垃圾广告等。

3. 不断向你推销产品，且多为不合格的"三无"产品。

4. 泄露个人隐私，存在被盗号风险。

小知识：遇到微信"炸群"导致手机崩溃！怎么办？

所谓"炸群"，就是有人建立微信群后，在其中集中发送大量垃圾信息，造成其他用户无法正常使用微信或手机，甚至以此讹诈他人。

微信团队同时解释说，"炸群"并非系统漏洞或黑客行为造成，其原理是利用代码软件或手动在微信群内发布大量垃圾内容，一般使用表情、字符以及可以触发微信表情雨的关键词等，造成在短时间内释放大量信息资源，以达到加重手机处理器负荷的目的，而由于手机的处理能力有限，所以会出现卡屏或软件崩溃现象。

类似事情不断发生，一些被"炸群"的网友发现，手机中的微信软件忽然卡屏或崩溃，导致手机过热甚至自动关机，更有甚者，有人被要挟给钱，否则直接"炸群"使微信瘫痪。

解决方案：

1. 可暂时断开网络，重启微信，在微信消息列表中长按此群名字或左划，选择"删除该聊天"，历史群消息(包含炸群信息)会被清理。

2. 可登录微信电脑版，对新的炸群消息进行删除或退群操作，并及时通知微信群主移除发布"炸群"信息者，以免其他用户被"炸群"信息影响。

小知识：如何防范家庭智能摄像头遭受入侵？

1. 修改家里智能摄像头的用户名和密码，不使用设备初始密码。

2. 不使用弱密码(密码长度不低于8位，建议数字、字母、大小写、特殊字符混合)。

3. 摄像头不要正对卧室、浴室等隐私区域，并经常检查摄像头的角度是否发生变化。

4. 不要在公共 WiFi 环境下输入智能设备的账号和密码，防止信息被劫持。

5. 及时关注厂商的公告，及时更新智能摄像头操作系统版本和相关的移动应用 APP。

6. 尽量购买和使用主流品牌、正规厂商的摄像头产品。

案例二十七　网络泄密事件

⭐ **典型事件描述**

1. 互联网泄密：某论坛年会期间，网络部门发现某省政府机关工作人员使用电子邮箱，通过互联网发送涉及本届年会的工作文件，包括某部门上报的论坛安保情报信息。经调查，该工作人员在向领导汇报工作时，违规使用手机邮箱收发包含上述内容的电子邮箱，并且也使用了某国公司开发的手机邮件客户端程序，大量敏感涉密文件在互联网上明文传递，造成泄密事件。某科研人员将涉密科研项目申请书(秘密级)在互联网上用电子邮件形式传递，造成泄密。

2. 磁介质使用不当泄密：某研究所技术人员王某违反保密规定，将自己在工作中使用的存有机密级信息的移动硬盘私自带回家，并联在接入互联网的计算机上。经鉴定，该计算机与国际互联网联接并已被不明身份的攻击者预植了后门程序，攻击者可利用后门程序远程操纵该计算机。该所给予王某行政警告处分，并将其调离重点涉密岗位。

3. 磁介质丢失泄密：某设计研究所办公室涉密人员钱某，将装有计算机移动硬盘的小包放在自行车车筐骑车外出。途中下车参观所内正在装修的住房时将小包遗落在自行车车筐内。返回时，发现装有移动硬盘的小包丢失。经鉴定，计算机移动硬盘内存储的研究资料为秘密级国家秘密事项。该研究所给予钱某通报批评，给予负有领导责任的办公室主任和支部书记通报批评。

★ 原因分析

1. 涉密邮件不能使用互联网接收和发送，传输过程中未采取任何加密防护措施，极易造成网络数据被劫取。

2. 违反保密规定，将自己在工作中使用的存有秘密级信息的移动硬盘私自带回家，并联在接入互联网的计算机上。

3. 对相关国家保密规定不了解。

★ 解决方案

1. 合理使用内网收发送涉密邮件。

2. 按照2001年1月1日中央、国务院颁布《中共中央保密委员会办公室、国家保密局关于国家秘密载体保密管理的规定》，对涉密载体进行保管。

★ 总结建议

1. 其涉密办公网与国际互联网必须进行物理隔离。

2. 在非涉密计算机上，安装计算机终端保密检查系统，如智华计算机终端保密检查系统，对所有非涉密计算机，定期检查关键词测试，检查前须关闭杀毒程序，遇到任何阻止使程序继续。

3. 加强学习，掌握相关的国家法律法规。

案 例 总 结

互联网是一张无边无际的"网"，内容虽丰富却庞杂，良莠不齐。披着"黑客"外衣的犯罪分子经常利用软件来窃取信息，对于用户而言，这些软件是隐形的。因此，各类用户要保持清醒的头脑，做好个人信息安全防范。

1. 个人用户做到"三个不要"：

(1) 不要随意运行、点击陌生人发来的文件、链接，定期对计算机进行杀毒清理。

(2) 不要在网上向陌生人提供家庭住址、身份证号码等真实信息。

(3) 不要浏览非正规网站并登录注册身份信息。

2. 企业用户做到"两个健全"：

(1) 健全企业网站信息系统建设。

(2) 健全网络安全管理制度和防范技术措施。

3. 政府、金融、教育、公共服务等重要信息系统要做到"三个提高"：

(1) 提高防范病毒能力，安装并及时升级杀毒软件和防火墙。

(2) 提高对抗攻击能力，通过优化网络速度可使局域网服务器提升对抗攻击的能力。

(3) 提高安全漏洞检测水平，定期对漏洞进行排查检测。

要坚持开展专项的网络安全检查工作。通过专项网络安全检查，摸清家底，认清面对的风险，找出存在的漏洞，督促相应的整改，从而筑牢网络安全防线，提高网络安全保障水平，防范网络攻击。

第三章 // 林业行业网络管理制度与管理办法

2003年，《国家信息化领导小组关于加强信息安全保障工作的意见》（〔2003〕27号）中第一次把信息安全提到了促进经济发展、维护社会稳定、保障国家安全、加强精神文明建设的高度，提出了"管理与技术并重"的指导思想，明确了安全管理在网络与信息安全领域中的重要地位。《国务院关于大力推进信息化发展和切实保障信息安全的若干意见》（国发〔2012〕23号）中更是多次强调加强安全管理工作的重要性，如：严格重要信息系统和基础信息网络安全管理；加强政府信息系统安全管理；严格政府信息技术服务外包的安全管理；制定政府信息安全管理办法等要求。这些国家宏观政策文件为加强和提升我国网络与信息安全管理工作能力和水平提出了明确的要求。

本章对林业行业主要网络管理办法、典型省的林业主要网络管理制度以及相关人员要求进行了梳理，旨在让各类用户学会规范用网，提高网络管理水平，确保网络稳定、安全、高效运行。

第一节　林业行业主要网络管理办法

一、网络安全管理主要要求

2014年，我国成立了中央网络安全和信息化领导小组，统筹协调涉及各个领域的网络安全和信息化重大问题。国务院重组了国家互联网信息办公室，授权其负责全国互联网信息内容管理工作，并负责监督管理执法。工信部发布了《关于加强电信和互联网行业网络安全工作的指导意见》，明确了提升基础设施防护、加强数据保护等八项重点工作，着力完善网络安全保障体系。我国国家网络与信息安全顶层领导力量明显加强，管理体制日趋完善，机构运行日渐高效，工作目标更加细化，对林业行业网络安全管理也提出了更高的要求。

(一) 林业网络安全工作的指导思想

以邓小平理论、"三个代表"重要思想和科学发展观为指导，深入贯彻落实党的十八大精神，按照习近平总书记提出的建设网络强国的战略目标，加强网络安全顶层设计和统一领导，正确处理发展和安全的关系，以安全保发展、以发展促安全，在开放中谋发展，在创新中提高技术能力，有效维护网络安全。

(二) 林业网络安全工作基本原则

党的十八大以来，以习近平同志为总书记的党中央高度重视网络安全和信息化工作，成立了中央网络安全和信息化领导小组，习近平总书记任组长。2014 年和 2015 年，中央召开了两次网络安全和信息化领导小组会议，总书记亲自参加会议并做重要讲话。总书记的讲话审时度势，高瞻远瞩，总揽全局，作出了"没有网络安全就没有国家安全，没有信息化就没有现代化"的重大论断。把网络安全提升到了国家战略的高度，提升到了国家政治安全、政权安全的高度，科学回答了关于网络安全和信息化的重大理论和现实问题，具有很强的思想性、针对性、指导性，是我们当前和今后一个时期网络安全管理工作要遵循的基本原则。认真学习、深刻领会习近平总书记指示精神，并坚决贯彻落实，是我们当今最重要的任务。

(三) 林业网络安全主要任务和工作要求

1. 提高认识，加强领导

要高度重视网络安全工作，将网络安全纳入本单位信息化建设的重要日程，在制度、人力、资金方面提供有力保障，确保网络安全工作顺利开展。在中央网络安全和信息化领导小组的统一领导下，进一步加强对林业网络安全工作的领导，各省、各单位要按照"谁主管、谁负责""谁运行、谁负责"的原则，建立健全网络安全协调机制和工作程序，成立网络安全管理机构，安排专人负责网络安全管理与日常维护。明确各部门的职责，分清各级信息化管理、运行部门的任务要求，切实做到各司其职，各负其责。

2. 加强顶层设计

坚持问题导向，加强顶层设计，统筹各方资源，坚持自主创新、技术先进和安全可控的，以国家法律、政策、标准为依据，在摸清政策文件、标准、管理规范，以及机构、人员、系统、数据资产底数基础上，搞好行业网络安全规划，出台政策标准，指导全行业开展网络安全工作。

3. 坚持网络安全和信息化统筹发展

网络安全和信息化是一体两翼、驱动之双轮，必须统一谋划、统一部署、统一推进、统一实施，做到协调一致、齐头并进。正确处理网络安全和信息化的关系，严格落实网络安全与信息化建设"同步规划、同步设计、同步实施"的三同步要求，确保核心要害系统和基础网络安全稳定运行。

4. 深入开展等级保护工作，建立安全通报机制

按照国家信息安全等级保护标准，组织开展信息系统定级备案、等级测评、安全建设整改等工作。采取有效措施，提高网站防篡改、防病毒、防攻击、防瘫痪、防泄密能力，全面提高网站及信息系统的安全性。开展网络安全信息通报工作，加强实时监测、态势感知、通报预警工作，做到"耳聪目明、信息通畅、及时预警、主动应对"。

5. 加强网站群建设管理，规范网站域名和名称

进一步加强网站、信息系统建设的统筹规划，域名严格管理。按照国家林业局制定网站域名管理办法，对现有网站域名进行全面复查，统一规划各类网站域名。对各单位分散在各地或使用社会力量管理的网站、信息系统的网络环境、运维单位和人员等进行全面检查。继续采用集约化模式建设网站，采取网站物理集中或逻辑集中方式，实施网站群建设，减少互联网出口，实现统一监测、统一管理、统一防护，提高网站抵御攻击篡改的能力。对网站信息员定期培训，加强信息安全教育，实行信息三级发布审核制度，严格网站信息发布、转载和链接管理，确保信息安全。

6. 加强软件测评管理，建立林业软件安全测评制度

根据中共中央网络安全和信息化领导小组办公室(以下简称中央网信办)对网站测评等提出的具体要求，加强林业软件测评工作，制定网站和信息系统性能、安全符合性标准，建立新上线软件准入、安全测试制度。新增网站和信息系统等必须经过安全测评才能上线运行。充分利用技术手段对现有系统和网站进行测评和加固，建立信息安全风险评估机制，建设和完善信息安全监控体系，提高对网络安全事件的应对和防范能力。利用管理和技术措施，解决网络安全重视程度的逐级衰减问题。加强林业行业网络安全工作的监管、评价、考核。

7. 开展安全检查，形成工作制度

严格贯彻落实中央网信办、国家林业局有关信息网络安全工作的各项要求，如《关于开展关键信息基础设施网络安全检查的通知》(中网办〔2016〕3号)等，建立林业网站、信息系统、网络定期安全检查机制，切实做好信息网络安全检查工作。加强组织领导，明确检查责任，落实检查机构、检查方法、检查经费。建立信息网络安全检查台账，开展日常检查，强化用技术手段，全面深入查找安全问题和安全隐患，切实做到不漏环节、不留死角，对发现的问题及时整改，并有针对性地采取防范对策和改进措施，提升信息网络安全整体防护能力。

8. 加强队伍建设，提升安全防范技术能力

做好网络信息安全工作，必须建立自己的核心技术支撑队伍。依据中央网信办网办发的 4 号文，即《关于加强网络安全学科建设和人才培养的意见》，要想方设法加强队伍建设，增加人员编制，同时要加强专业技术力量的培养，加强信息网络安全管理和技术培训。建立党政机关、事业单位和国有企业网络安全工作人员培训制度，明确重点培训内容，分级分层，按照技术领域和管理领域每年开展网络安全培训，不断提高林业行业从业人员的网络安全意识和管理水平，提升网络安全从业人员安全意识和专业技能。各种网络安全检查要将在职人员网络安全培训情况纳入检查内容，制定网络安全岗位分类规范及能力标准，建设一支政治强、业务精、作风好的强大队伍。

9. 管控网络、舆论阵地，全力维护林业行业网络安全

加强数据信息安全、意识形态安全管理，管理好网络阵地、舆论阵地，营造和谐健康的网络空间。建立网络安全事件报告制度，与公安机关、工信部门一同构建"打防管控"一体化的网络安全综合防控体系。

10. 强化综合运维管理，保障网络安全

加强网络综合运维管理，配备专门的运维人员和运维管理软件，切实做好运维保障工作，保障网络安全。

二、信息系统安全等级保护概述

（一）基本概念

信息安全等级保护是指对国家秘密信息、法人和其他组织及公民的专有信息及公开信息和存储、传输、处理这些信息的信息系统分等级实行安全保护，对信息系统中使用的信息安全产品实行按等级管理，对信息系统中发生的信息安全事件分等级响应、处置。

信息系统是指由计算机及其相关和配套的设备、设施构成的，按照一定的应用目标和规则对信息进行存储、传输、处理的系统或者网络。信息是指在信息系统中存储、传输、处理的数字化信息。

(二)信息安全等级保护工作的内涵

简单来说，信息安全等级保护就是分等级保护、分等级监管，是将全国的信息系统(包括网络)按照重要性和遭受损坏后的危害性分成 5 个安全保护等级(从第一级到第五级，逐级增高)；等级确定后，第二级(含)以上信息系统到公安机关备案，公安机关对备案材料和定级准确性进行审核，审核合格后颁发备案证明；备案单位根据信息系统安全等级，按照国家标准开展安全建设整改、建设安全设施、落实安全措施、落实安全责任、建立和落实安全管理制度；备案单位选择符合国家规定条件的测评机构开展等级测评；公安机关对第二级信息系统进行指导，对第三、四级信息系统定期开展监督、检查。

根据《信息安全等级保护管理办法》的规定，等级保护工作主要分为 5 个环节，分别是定级、备案、建设整改、等级测评和监督检查。定级是信息安全等级保护的首要环节，通过定级可以梳理各行业、各部门、各单位的信息系统类型、重要程度和数量，确定网络安全保护的重点。建设整改是落实信息安全等级保护工作的关键，通过建设整改使具有不同等级的信息系统达到相应等级的基本保护能力，从而提高我国基础网络和重要信息系统整体防护能力。等级测评工作的主体是第三方测评机构，通过开展等级测评，可以检验和评价信息系统安全建设整改工作的成效，判断安全保护能力是否达到相关标准要求。监督检查工作的主体是公安机关等网络安全职能部门，通过开展监督、检查和指导维护重要信息系统安全和国家安全。

(三)信息安全等级保护是基本制度、基本国策

信息安全等级保护是党中央、国务院决定在网络安全领域实施的基本国策。由公安部牵头经过近 10 年的探索和实践，信息安全等级保护的政策、标准体系已经基本形成，并已在全国范围内全面实施。

信息安全等级保护制度是国家网络安全保障工作的基本制度，是实现国家对重要信息系统重点保护的重大措施，是维护国家关键基础设施的重要手段。信息安全等级保护制度的核心内容是：国家制定统一的政策；各单位、各部门依法开展等级保护工作；有关职能部门对信息安全等级保护工作实施监督管理。

(四)信息安全等级保护是网络安全工作的基本方法

信息安全等级保护也是国家网络安全保障工作的基本方法。信息安全等级保护工作的目标就是维护国家关键信息基础设施安全，维护重要网络设施、重要数据安全。等级保护制度提出了一整套安全要求，贯穿系统设计、开发、实现、运维、废弃等系统工程的整个生命周期，引入了测评技术、风险评估、

灾难备份、应急处置等技术。

按照等级保护制度中规定的"定级、备案、建设、测评、检查"这5个步骤，开展网络安全工作，先对所属信息系统(包括信息网络)开展调查摸底、梳理信息系统工作，再对信息系统定级。定级后，第二级以上系统要到公安机关备案，然后按照标准进行安全建设整改，开展等级测评。公安机关按照不同的系统级别实施不同强度的监管，对进入重要信息系统的测评机构及信息安全产品分等级进行管理，对网络安全事件分等级响应和处置。经过一系列工作的开展，将网络安全保障工作落到实处。

(五)贯彻落实信息安全等级保护制度的原则

国家信息安全等级保护坚持分等级保护、分等级监管的原则，对信息和信息系统分等级进行保护，按标准进行建设、管理和监督。信息安全等级保护制度遵循以下基本原则：

(1)明确责任，共同保护。通过等级保护，组织和动员国家、法人和其他组织、公民共同参与网络安全保护工作；各方主体按照规范和标准分别承担相应的、明确具体的网络安全保护责任。

(2)依照标准，自行保护。国家运用强制性的规范及标准，要求信息和信息系统按照相应的建设和管理要求，自行定级、自行保护。

(3)同步建设，动态调整。信息系统在新建、改建、扩建时应当同步建设网络安全设施，保障网络安全与信息化建设相适应。因信息和信息系统的应用类型、范围等条件的变化及其他原因，安全保护等级需要变更的，应当根据等级保护的管理规范和技术标准的要求重新确定信息系统的安全保护等级。等级保护的管理规范和技术标准应按照等级保护工作开展的实际情况适时修订。

(4)指导监督，重点保护。国家指定网络安全监管职能部门通过备案、指导、检查、督促整改等方式，对重要信息和信息系统的网络安全保护工作进行指导监督。国家重点保护涉及国家安全、经济命脉、社会稳定的基础信息网络和重要信息系统，主要包括：国家事务处理信息系统(党政机关办公系统)；财政、金融、税务、海关、审计、工商、社会保障、能源、交通运输、国防工业等关系到国计民生的信息系统；教育、国家科研等单位的信息系统；公用通信、广播电视传输等基础信息网络中的信息系统；网络管理中心、重要网站的重要信息系统和其他领域的重要信息系统。

三、信息系统安全保护等级的划分与监管

(一)安全保护等级的划分

信息系统的安全保护等级应当根据信息系统在国家安全、经济建设、社

会生活中的重要程度，以及信息系统遭到破坏后对国家安全、社会秩序、公共利益及公民、法人和其他组织的合法权益的危害程度等因素确定。信息系统安全保护等级共分5级。

第一级，信息系统受到破坏后，会对公民、法人和其他组织的合法权益造成损害，但不损害国家安全、社会秩序和公共利益。

第二级，信息系统受到破坏后，会对公民、法人和其他组织的合法权益产生严重损害，或者对社会秩序和公共利益造成损害，但不损害国家安全。

第三级，信息系统受到破坏后，会对社会秩序和公共利益造成严重损害，或者对国家安全造成损害。

第四级，信息系统受到破坏后，会对社会秩序和公共利益造成特别严重损害，或者对国家安全造成严重损害。

第五级，信息系统受到破坏后，会对国家安全造成特别严重损害。

(二) 五级保护与监管

信息系统运营使用单位依据本办法和相关技术标准对信息系统进行保护，国家有关网络安全监管部门对其信息安全等级保护工作进行监督管理。

第一级信息系统运营使用单位应当依据国家有关管理规范和技术标准进行保护。

第二级信息系统运营使用单位应当依据国家有关管理规范和技术标准进行保护。国家网络安全监管部门对该级信息系统信息安全等级保护工作进行指导。

第三级信息系统运营使用单位应当依据国家有关管理规范和技术标准进行保护。国家网络安全监管部门对该级信息系统信息安全等级保护工作进行监督、检查。

第四级信息系统运营使用单位应当依据国家有关管理规范、技术标准和业务专门需求进行保护。国家网络安全监管部门对该级信息系统信息安全等级保护工作进行强制监督、检查。

第五级信息系统运营使用单位应当依据国家管理规范、技术标准和业务特殊安全需求进行保护。国家指定专门部门对该级信息系统信息安全等级保护工作进行专门监督、检查。

(三) 对信息安全实行分等级响应、处置的制度

国家对信息安全产品使用实行分等级管理制度。网络安全事件实行分等级响应、处置的制度，依据网络安全事件对信息和信息系统的破坏程度、所造成的社会影响和涉及的范围确定事件等级。根据不同安全保护等级信息系统中发生的不同等级事件制定相应的预案，确定事件响应和处置的范围、程

度及适用的管理制度等。网络安全事件发生后，分等级按照预案响应和处置。

（四）等级测评的工作流程和工作内容

1. 基本工作流程和工作方法

为确保等级测评工作的顺利开展，应首先了解等级测评的工作流程，以便对等级测评工作过程进行控制。

等级测评过程可以分为测评准备、方案编制、现场测评及分析、报告编制，而测评双方的沟通与洽谈应贯彻整个等级测评过程。

等级测评的主要测评方法包括：访谈、检查和测试。访谈，访谈对象主要是人员。检查，检查主要有评审、核查、审查、观察、研究和分析等，检查对象是文档、机制、设备等，检查工具是技术核查表。测试，主要包括功能、性能测试及渗透测试，测评对象包括安全机制、设备等。

2. 收集系统信息

与信息系统相关的信息收集是完成系统定级、等级测评、需求分析、安全设计等工作的前提，通常是以发放调查表格的形式，通过与人员访谈、资料查阅、实地考察等方式完成的。

与信息系统相关的信息包括物理环境信息、网络信息、主机信息、应用信息和管理信息等，以下简要介绍信息系统相关信息的收集方法。

（1）物理环境信息收集。信息系统所在物理环境的信息收集包括机房数量、每个机房中部署的信息系统、机房的物理位置、办公环境的物理位置等。

（2）系统网络信息收集。信息系统网络信息的收集涉及网络拓扑图、网络结构情况、系统外联情况、网络设备情况和安全设备情况等。

①网络拓扑图：应获得信息系统最新的网络拓扑图，并保证网络拓扑图清晰地标示出网络功能区域划分、网络与外部连接、网络设备、服务器设备和主要终端等情况。通过最新的网络拓扑图可以了解整个信息系统的网络结构，这也是与被测系统网络管理人员沟通的基础。

②网络结构情况：网络结构的信息收集内容包括网络功能区域划分情况、各个区域的主要功能和作用，每个网络区域 IP 网段地址、每个区域中服务器和终端的数量、与每个区域相连的其他网络区域、网络区域之间的互联设备、每个区域的重要程度等。

③系统外联情况：由于信息系统的出口（即信息系统的外联情况）是与外界直接相连的，面临的威胁较多，因此是信息收集过程中重要的关注环节。系统外联的信息收集内容包括外联单位的名称、外连线路的网络区域、接入线路的种类、线路的传输速率（带宽）、外连线路的接入设备及外连线路承载

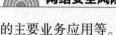

的主要业务应用等。

④网络设备情况：网络设备的信息收集内容包括网络设备名称、设备型号、设备的物理位置、设备所在的网络区域、设备的 IP 地址/掩码/网关、设备的系统软件、软件版本及补丁情况、设备端口类型及数量、设备的主要用途、是否采用双机热备等。设备型号及系统软件相关情况是选择或开放测评指导书的基础。设备的 IP 地址等情况是接入测试工具时必须了解的。设备的主要用途则是选择测评对象时需要考虑的。

⑤安全设备情况：安全设备包括防火墙、网关、网闸、IDS、IPS 等。安全设备的信息收集内容包括安全设备名称、设备型号、设备是否纯软件或软/硬结合件构成、设备的物理位置、设备所在的网络区域、设备的 IP 地址/掩码/网关、设备的系统软件及运行平台、设备的端口类型及数量、是否采用双机设备等。设备型号及系统软件相关情况是编制测评指导书的基础。

(3)主机信息收集。信息系统主机信息的收集涉及服务器设备情况和终端设备情况等。

①服务器设备情况：服务器设备的信息收集包括服务器设备的名称、型号、物理位置、所在网络区域、IP 地址地址/掩码/网关、安装的操作系统版本/补丁、安装的数据库系统版本/补丁，以及服务器承载的主要业务应用、服务器安装的应用系统软件、服务器中应用涉及的业务数据、服务器的重要程度、是否采用双机热备等。服务器型号、操作系统及数据库系统情况是编制测评指导书的基础。通过服务器承载的主要业务应用可以了解业务应用与设备的关联关系。服务器的重要程度则是选择测评对象时的考虑因素之一。

②终端设备情况：终端信息收集对象一般包括业务终端、管理终端、设备控制台等。终端设备的信息收集内容包括终端设备的名称、型号、物理位置、所在网络区域、IP 地址/掩码/网关、安装的操作系统/补丁、安装的应用系统软件名称、涉及的业务数据，以及终端的主要用途、终端的重要程度、同类终端设备的数量等。

(4)应用信息收集。信息系统应用信息的收集涉及应用系统情况和业务数据情况等。

①应用系统情况：业务应用系统的信息收集内容包括业务(服务)的名称、业务的主要功能、业务处理的数据、业务应用的用户数量、用户分布范围、业务采用的应用系统软件名称、应用系统的开发商、应用系统采用 C/S 或 B/S 模式，业务应用示范 24 小时运行、业务的主要程度、应用软件的处理流程等。

②业务数据情况：业务数据的信息收集内容包括业务数据名称、涉及的

业务应用、数据总量及日增量、数据所在的服务器、是否有单独的存储系统、数据的备份周期、数据是否异地保存、数据的重要程度等。

(5)管理信息收集。管理信息的收集内容包括管理机构的设置情况、人员职责的分配情况、各类管理制度的名称、各类设计方案的名称等。管理机构的设置情况和人员职责的分配情况主要通过对一些开放型问题的访谈交流获取。

3. 现场测评的实施内容

等级测评包括两方面，分别是单元测评和整体测评，因此，现场测评实施内容也主要从这两方面分别展开。确定单元测评内容，首先要依据《测评要求》将上述几个步骤得到的测评指标、测评方式及测评对象结合起来，然后将测评对象与具体的测评方法和步骤结合起来，这也是编制测评指导书的第一步。整体测评内容主要依据《测评要求》中的整体测评方法，结合信息系统的实际情况，根据现场测评的结果记录进行分析。

在编制测评方案时，测评指标的选择和测评对象的选择是比较重要的工作，以下简要介绍选择方法。

《基本要求》是等级测评依据的主要标准。在进行等级测评时，这些基本要求可以转化为针对不同被测系统的测评指标。

由于信息系统不但有安全保护等级，还有业务信息安全保护等级和系统服务安全保护等级，而《基本要求》中的各项要求也分为业务信息安全保护类、系统服务安全保护类和通用安全保护类要求，因此，测评指标也应该由这三类组成。

确定测评指标的具体步骤如下：①根据调查结果得到被测系统的安全保护等级、业务信息安全保护等级和系统服务安全保护等级。②从《基本要求》中选择与被测系统的安全保护等级对应的保护要求类别为 G 类的所有基本要求。③从《基本要求》中选择与被测系统的业务信息安全保护等级对应的保护要求类别为 S 类的所有基本要求。④从《基本要求》中选择与被测系统的系统服务安全保护等级对应的保护要求类别为 A 类的所有基本要求。⑤如果同时测评的多个被测系统位于同一个物理环境中，而且有的管理方面采用相同的管理，则采取就高原则，选择所有被测系统中最高级别的物理安全和相同管理方面对应的基本要求作为物理安全和一些管理安全方面的测评指标。⑥综合以上步骤得到的基本要求，将其作为被测系统的测评指标。

假设信息系统的定级结果为：系统安全保护等级为第三级，业务信息安全保护等级为第二级，系统服务安全保护等级为第三级。则该系统的测评指标将包括《基本要求》中"技术要求"的第三级通用指标类（G3）、第二级业务信息安全性指标类(S2)、第三级业务服务保证性指标类(A3)及第三级"管理要求"中的所有指标类。如果同时测评的另一个信息系统的定级结果为:系统安全保护等级为第四级,业务信息安全保护等级为第四级,系统服务安全保护等级为第三级。而且,这两个信息系统共用机房,由相同的人员进行管理,所有的管理内容都采用相同的管理方法。则应调整物理安全的测评指标为第四级通用指标类(G4)、第四级业务信息安全性指标类(S3)、第三级业务服务保证性指标类(A3),并调整管理安全评测指标为第四级"管理要求"。

(五)等级测评报告的主要内容

信息系统运营使用单位选择测评机构完成等级测评工作后,应要求等级测评机构按照公安部制定的《信息系统安全等级测评报告模板(2015版)》(公信安〔2014〕2866号)出具等级测评报告。等级测评报告是等级测评工作的最终产品,直接体现测评的成果。按照公安部对等级测评报告的格式要求,测评报告应包括但不局限于以下内容:信息系统等级测评基本信息表、测评项目概述、被测信息系统情况、等级测评范围与方法、单元测评、整体测评、总体安全状况分析、等级测评结论、问题处置建议。

测评项目概述:描述本次测评的主要测评目的和依据、测评过程、报告分发范围。

被测信息系统情况:简要描述本次测评的被测系统的情况,包括承载的业务情况、网络结构、系统构成情况(包括业务应用软件、关键数据类别、主机/存储设备、网络互联设备、安全设备、安全相关人员、安全管理文档、安全环境等)、前一次测评发现的主要问题和测评结论等。

等级测评范围与方法:描述本次测评的测评指标、测评对象选择方法及选中的测评对象、测评过程中使用测评方法等。描述等级测评中采用的访谈、检查、测试和风险分析等方法。

单元测评:主要是针对测评指标、结合测评对象(网络设备、主机和业务应用系统等),分层面描述单元测评指标的符合情况,包括现场测评中获取的测评证据记录、结果汇总及发现的问题分析等。

整体测评:从安全控制间、层面间、区域间和验证测试等方面对单元测评的结果进行验证、分析和整体评价。具体内容参照《信息安全技术信息系统安全等级保护测评要求》(GB/T 28488—2012)。

总体安全状况分析:包括系统安全保障评估、安全问题风险评估、等级测评结论。

系统安全保障评估:以表格形式汇总被测信息系统已采取的安全保护措施情况,综合测评项符合程度得分及修正后测评项符合程度得分,以算术平均法合并多个测评对象在同一测评项的得分，得到各测评项的多对象平均分。

安全问题风险评估：依据信息安全标准规范，采用风险分析的方法进行危害分析和风险等级判定。针对等级测评结果中存在的所有安全问题，结合关联资产和威胁分别分析安全危害，找出可能对信息系统、单位、社会及国家造成的最大安全危害(损失)，根据最大安全危害的严重程度进一步确定信息系统面临的风险等级，结果为"高""中"或"低"，并以列表形式给出等级测评发现的安全问题、风险分析和评价情况。其中，对最大安全危害(损失)结合安全问题所影响业务的重要程度、相关系统组件的重要程度、安全问题的严重程度及安全事件的影响范围等进行综合分析。

等级测评结论：综合测评与风险分析结果，根据符合性差别依据给出等级测评结论，并计算信息系统的综合得分。等级测评结论应为"符合""基本符合"或者"不符合"。结论判定及得分计算方式可参照《信息系统安全等级测评报告模板(2015版)》。

问题处置建议：针对信息系统存在的安全问题，有针对性地提出安全整改建议。

四、机关、单位保密自查自评工作规则

2014年8月1日，国家保密局印发《机关、单位保密自查自评工作规则(试行)》，具体内容详见专栏。

 专 栏

机关、单位保密自查自评工作规则(试行)

(国保发〔2014〕14号)

为加强和规范保密自查自评工作，根据《中华人民共和国保守国家秘密法》、《中华人民共和国保守国家秘密法实施条例》和有关规定，制定本规则。

一、适用范围

本规则适用于各级党政机关和涉及国家秘密的单位(以下简称机关、单位)在本机关、本单位内部开展的保密自查自评工作。

二、工作原则

机关、单位保密自查自评工作应当立足防范，突出重点，严格标准，形成制度，做到强化保密主体责任，及时消除泄密隐患，建立保密工作长效机制，确保国家秘密安全。

三、工作要求

机关、单位保密自查自评工作应当每年至少开展 1 次，并将有关情况列入年度保密工作情况报告内容，报同级保密行政管理部门。

四、自查内容

（一）保密工作领导责任制落实情况

1. 主要负责人对保密工作部署和落实提出明确要求，听取保密工作情况汇报并研究解决相关问题，将履行保密工作责任制情况纳入本机关、本单位年度考评和考核内容，为保密工作开展提供人力、物力、财力等保障；

2. 分管保密工作负责人坚持保密委员会（保密工作领导小组）议事制度，研究部署保密工作并对落实情况组织检查，及时组织查处泄密事件和违规行为；

3. 分管业务工作负责人对分管业务工作范围内的保密工作部署和落实提出明确要求，对落实情况进行督促检查，支持保密工作机构和人员开展工作；

4. 内设机构负责人掌握本部门保密工作情况，对涉密人员进行保密教育和管理，定期开展保密自查自评工作，及时整改存在的问题。

（二）保密制度建设情况

1. 结合工作实际建立健全保密工作责任制、定密管理、涉密人员管理、国家秘密载体管理、保密要害部门部位管理、信息系统和信息设备管理、宣传报道和信息公开管理、涉密会议和活动管理、涉外活动管理、泄密事件报告和查处等各项保密制度；

2. 保密制度具有可操作性，责任追究和奖惩措施明确具体；

3. 根据情况变化及时修订完善相关保密制度。

（三）保密宣传教育培训情况

1. 对年度保密宣传教育工作作出安排并组织落实；

2. 及时传达学习上级保密工作指示、文件和有关法规制度；

3. 组织涉密人员保密知识技能培训，或者按要求参加保密行政管理部门组织的培训。

（四）涉密人员管理情况

1. 准确界定涉密岗位和涉密人员的涉密等级；

2. 涉密人员上岗前，组织人事部门会同保密工作机构对涉密人员进行审查和培训，使其了解相关保密法规制度，掌握相关保密知识技能，并组织签订保密承诺书；

3. 涉密人员在岗期间，所在部门督促其熟悉相关保密事项范围，履行本岗位保密职责，定期进行自查并及时整改存在的问题，并按照有关规定对涉

密人员因私出国(境)等事项履行审批手续;

4. 涉密人员离岗前,机关、单位及其所在部门按照有关规定监督其清退涉密载体,确定脱密期管理措施。

(五)国家秘密确定、变更和解除情况

1. 依法明确定密责任人及其定密权限;

2. 依法确定并标明国家秘密事项密级和保密期限;

3. 不将依法应当公开的事项确定为国家秘密;

4. 根据情况变化及时变更和解除国家秘密事项密级。

(六)国家秘密载体管理情况

1. 国家秘密载体制作、收发、传递、复制、使用、保存、维修、销毁等符合保密管理规定;

2. 密品的研制、试验、使用、运输、保管、维修、销毁等符合保密管理规定;

3. 根据工作需要确定国家秘密事项的知悉范围,对知悉机密级以上国家秘密的人员作出书面登记。

(七)信息系统和信息设备保密管理情况

1. 涉密网络的规划、设计、建设、运行、维护选择具有涉密资质的单位承担,并与相关单位和人员签订保密承诺书;

2. 涉密网络采取符合国家保密标准的安全保密防护策略配置、身份鉴别、访问控制、安全审计、边界安全防护和信息流转控制等措施,投入使用前经过保密行政管理部门测评和审批,定期开展安全保密检查和风险评估;

3. 确保涉密网络不接入互联网及其他公共信息网络;

4. 确保不在非涉密网络(含非涉密工作内网)、互联网门户网站、互联网邮箱、即时通信工具及境内外服务商提供的公共云服务平台等存储、处理、传输国家秘密信息;

5. 按照有关规定对互联网接入口数量采取控制措施;

6. 涉密计算机采取符合国家保密标准的身份鉴别、访问授权、违规外联监控、病毒查杀、移动存储介质管控等安全保密措施,不安装使用具有无线功能的模块和外围设备;

7. 确保涉密计算机不接入互联网及其他公共信息网络;

8. 确保非涉密计算机不存储、处理和传输国家秘密信息;

9. 确保涉密信息设备与非涉密信息设备之间不交叉使用移动存储介质;

10. 保持保密技术防护设施设备的防护性能;

11. 建立健全计算机和移动存储介质登记台账,涉密计算机和移动存储介质粘贴密级标识，明确责任人、设备编号等；

12. 使用打印机、复印机、传真机等办公自动化设备符合保密管理规定；

13. 使用普通手机和专用手机符合保密管理规定。

（八）涉密场所及保密要害部门、部位管理情况

1. 按照有关规定确定和调整保密要害部门、部位；

2. 按照有关规定对保密要害部门、部位采取人防、物防、技防等防护措施；

3. 落实禁止无关人员进入涉密场所和保密要害部门、部位的规定。

（九）涉密会议、活动和货物、工程、服务采购等项目管理情况

1. 涉密会议、活动使用符合保密要求的场所、设施、设备；

2. 主办涉密会议或活动的内设机构指定人员负责保密管理工作，落实各项保密措施。重要涉密会议或活动制定保密方案并报本机关、本单位保密工作机构备案；

3. 对提供涉密货物、工程和服务的单位进行保密审查，提出保密要求，签订保密协议。

（十）涉外工作保密管理情况

1. 负责对外交流、合作等活动的内设机构采取相应保密措施，对有关人员进行保密提醒；

2. 对外提供文件、资料和物品按规定经过保密审查审批，涉及国家秘密的应与外方签订保密协议；

3. 出国（境）团组指定专人负责保密工作，进行行前保密教育，落实各项保密措施。

（十一）宣传报道和信息公开保密审查情况

1. 对外宣传报道履行保密审查审批程序；

2. 信息公开保密审查工作有领导分管、有部门负责、有专人实施；

3. 坚持"先审查、后公开"和"一事一审"原则，落实信息公开保密审查审批各环节保密制度措施；

4. 确保涉及国家秘密的信息不予公开；

5. 建立网站信息发布登记制度，定期组织开展网站保密检查。

（十二）违反保密法律法规行为查处情况

1. 发生泄密事件按规定及时报告并采取补救措施；

2. 对违反保密法律法规行为及时组织调查；

3. 对违反保密法律法规行为的责任人员依纪依法进行处理。

（十三）保密组织机构设置、人员配备及经费保障情况

1. 保密委员会（保密工作领导小组）组织健全，职责明确；

2. 按规定设立保密工作机构或者指定专人负责保密工作，涉及绝密级或者较多机密级国家秘密事项的中央国家机关、省直机关配备专职保密干部；

3. 保密工作机构按照有关规定配备保密技术检查装备和工具；

4. 保密工作所需经费列入机关、单位年度财政预算或者收支计划。

(十四)保密工作记录和材料

机关、单位及内设机构建立保密工作记录，各项保密工作落实情况材料翔实完整。

五、自评标准

1. 机关、单位按照《机关、单位保密自查自评标准》(以下简称《自评标准》，见附件)进行自评。自评实行 100 分评分制，考评结果分为符合要求、基本符合要求、不符合要求三个等次。

2. 按照《自评标准》中实有项目计算总分值，未达到实有项目要求的扣除相应分值，对加重扣分项直接扣除相应分值，计算出总得分与实有项目总分值百分比。总得分达到总分值 90%(含)以上的为符合要求，80%(含)至 89%的为基本符合要求，80%以下的为不符合要求。

发生严重泄密案件依法移送司法机关处理的，直接评定为不符合要求。

3. 机关、单位及内设机构实有项目及其总分值，由机关、单位保密委员会(保密工作领导小组)根据实际情况确定。

六、自评程序

1. 年度自评工作采取内设机构自评与机关、单位综合评估相结合的办法进行。

2. 内设机构对照《自评标准》中实有项目和自查情况进行自评，计算分值，形成自评报告报机关、单位保密工作机构。

3. 保密工作机构对内设机构自评结果提出评审意见，经组织人事部门审核同意后，报保密委员会(保密工作领导小组)审定。

4. 机关、单位保密委员会(保密工作领导小组)根据对内设机构自评工作审定情况进行综合评估，形成本机关、本单位保密自查自评结果。

七、自评结果运用

1. 机关、单位将内设机构及所属单位自查自评结果纳入年度考评和考核内容。

2. 机关、单位对自评结果符合要求、成绩突出的内设机构、所属单位及个人，应当给予表扬或者奖励；对自评结果不符合要求的，应当限制或取消当年评选先进和奖励资格。

八、监督检查

1. 保密行政管理部门将机关、单位保密自查自评工作情况列入保密检查内容，定期组织抽查。

2. 保密行政管理部门对积极开展工作、成绩突出的机关、单位予以表扬，并将其作为保密工作综合考核评价和评选先进必要条件；对在工作中严重违反有关规定的，追究机关、单位相关责任人员责任；对工作不落实的，督促整改，并视情予以通报。

五、国家林业局信息网络和计算机安全管理办法

国家林业局于 2014 年 11 月 27 日印发《国家林业局信息网络和计算机安全管理办法》，具体内容详见专栏。

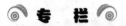

国家林业局信息网络和计算机安全管理办法

信网发〔2014〕74 号

第一章　总则

第一条　为加强国家林业局信息网络和计算机安全管理，保证办公计算机规范、安全使用，保障关键信息系统安全运行，规范信息系统访问控制机制，统一计算机病毒防范策略，保障信息安全事件得到及时跟踪、控制和处理，加强电子邮件的安全管理使用，根据国家有关法律法规和国家林业局有关规章制度，结合林业信息化实际情况，制定本办法。

第二条　本办法适用于国家林业局信息网络、信息系统、办公计算机等的使用管理。

第三条　国家林业局信息化管理办公室(信息中心)是国家林业局信息网络和计算机安全主管部门。

第二章　办公计算机安全管理

第四条　办公计算机包括工作所用的台式计算机及便携式计算机。

第五条　非涉密计算机严禁处理及存储涉密信息。存有涉密信息的计算机，严禁接入非涉密网络。

第六条　计算机在使用前，应安装正版的操作系统、办公软件、杀毒软件等，确保操作系统已安装最新的补丁，并将系统更新设置为自动更新。在使用过程中，应按照系统提示积极完成自动更新工作。

第七条　使用者在使用计算机的过程中应妥善保管，不得对其硬件进行

破坏，计算机如发生故障时，必要时由系统维护人员提供技术支持。

第八条 严禁在国家林业局网络环境中的办公计算机上安装各种游戏及其他与工作无关的软件。

第九条 计算机中资料的信息安全以"谁使用，谁负责"为原则，使用者负责计算机内相关资料的信息安全工作。使用者不得将敏感信息保留在计算机上。

第十条 禁止使用办公计算机制造任何形式的恶意代码。

第十一条 除非属于工作职责范围，禁止使用办公计算机扫描网络，进行网络嗅探。

第十二条 使用者禁止未经授权者访问办公计算机。未经部门领导和办公计算机使用者的同意，禁止使用他人计算机。未经允许不得将计算机转借他人使用。

第十三条 需要携带便携式计算机外出工作的职工，应妥善加以保管，避免丢失。如需使用网络，应确保接入网络安全。

第十四条 使用完计算机后，及时对相关文件资料和信息进行备份、转存和删除。因个人原因导致计算机中文件丢失、损坏和泄露的，使用者承担相应责任。

第三章 账号与口令安全管理

第十五条 用户账号是计算机信息系统通过一定的身份验证机制识别各类操作人员在系统中身份的一种标识。特权账号是指对系统/网络/数据库等拥有超级权限的人员账号，包含但不限于系统管理员、网络管理员、数据库服务器管理员及数据库管理员等。权限是指系统对用户能够执行的功能操作所设立的额外限制，用于进一步约束用户能操作的系统功能和内容访问范围。

第十六条 所有用户账号应通过正式的账号申请审批过程，账号使用者提出并填写《国家林业局办公网数字身份证书申请表》，遵循本办法第六章《访问控制安全管理》中的有关规定审批。

第十七条 在对系统账号申请的过程中，做到系统账号与责任人一一对应，确保每个账号都有负责人。系统运行维护管理人员在开通账号前，应依据《国家林业局办公网数字身份证书申请表》内容检查申请人是否在该系统中拥有其他账号。若没有，可为用户创建账号并分配相应的权限。原则上每个用户只能拥有唯一的账号，不得重复申请账号，只能由本人使用，不得交由他人使用，不得多人共用一个账号(特殊系统账号除外)。

第十八条 用户账号口令的选择和使用须与口令保护策略相符合，系统运行维护管理员须保存用户账号分配申请记录。

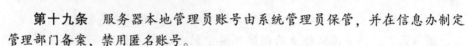

第十九条　服务器本地管理员账号由系统管理员保管，并在信息办制定管理部门备案，禁用匿名账号。

第二十条　在应用系统账号使用过程中，账号权限发生变化、增加系统权限，须对增加权限的原因进行详细描述并重新申请填写《国家林业局办公网数字身份证书撤销/停用、恢复、更新申请表》。

第二十一条　系统权限变更时，系统管理人员依据《国家林业局办公网数字身份证书撤销/停用、恢复、更新申请表》内容检查申请人是否存有不再需要的其他账号或权限。

第二十二条　在系统账号权限变更授权过程中，权限变更内容以及变更原因应详细记录，以备以后查看。

第二十三条　账号使用人员由于离职、调职等原因不需要使用原有的账号或者权限时，须将数字身份证书交回局信息办，并对其系统账号或权限进行消除。

第二十四条　所有账号不得使用系统默认口令，不得使用账号创建时的初始口令。用户首次使用账号时，应立即更改默认口令，口令必须由数字、字符和特殊字符组成。

第二十五条　操作系统必须设定口令，使用者要保护操作系统口令的保密性，不得将口令告诉他人。计算机须设置屏幕保护，在恢复屏幕保护时需要提供口令。使用者在短时间离开计算机时，如必要应对计算机的屏幕进行锁屏。如果长时间不使用，应对计算机进行关机操作。

第二十六条　设置的口令长度不能少于6个字符，口令更换周期不得多于60天。

第二十七条　用户不得将口令包含在自动登录程序上，不得将写有口令的纸条贴在显示器或者座位上，不允许在计算机系统上以无保护的形式存储口令。

第二十八条　所有系统特权均采取控制措施来限制特殊权限的分配及使用。任何信息系统，只能由所有者或授权管理者控制该系统的特权账号密码，包括关键主机、网络设备和安全设备等所用的密码。系统管理员对特权账号的口令妥善的保管，并以纸质形式密封，交局信息办指定管理部门备案。

第二十九条　所有申请特权用户账号的行为必须经系统主管部门同意，不得将特权用户密码交给系统管理员以外的人员。

第三十条　用户发现口令或系统遭到滥用的迹象，须立即更改口令。

第三十一条　应定期对所有信息系统用户访问权限检查，包括：重要应用系统管理员账号、路由器、防火墙、交换机、其他专用设备的管理员账号、有专门特权的其他系统账号等。定期清理多余的用户账号和权限。

第三十二条　任何用户须对其使用账号和密码产生的相关活动承担责任或可能的纪律和/或法律责任。同样，用户也禁止使用其他用户的账号从事活动。

第四章　病毒防御管理

第三十三条　国家林业局内部人员在根据工作需要访问互联网时，应采取病毒防范措施，防止病毒事件。对从互联网上下载的文件须病毒检查。

第三十四条　在采用存储介质文件交换时，须对存储设备病毒检查。存储设备包括软盘、光盘、U盘等。

第三十五条　网络系统维护人员须定期对服务器、终端设备进行病毒扫描。办公计算机使用者应定期对所分配使用的计算机进行病毒扫描。

第三十六条　办公计算机必须安装国家林业局派发的防病毒软件。须经常对防病毒软件病毒库进行更新。在操作系统启动的同时启动防病毒软件的防火墙或实时监控程序。

第三十七条　在不影响正常使用的前提下，服务器操作系统、中间件、数据库及应用系统必须安装最新版本补丁，系统补丁的部署过程须遵守变更管理流程的规定。

第三十八条　发现办公计算机或服务器感染病毒时，应断开与网络的连接，同时采取必要的措施对病毒进行清除，必要时由系统维护人员提供技术支持。

第五章　电子邮件安全管理

第三十九条　国家林业局电子邮件系统的管理者为局信息办。

第四十条　国家林业局电子邮件系统分为内网电子邮件系统和外网电子邮件系统。工作人员使用电子邮件系统处理业务工作时，应使用国家林业局电子邮件系统。

第四十一条　局信息办系统维护人员负责国家林业局电子邮件系统的日常运行维护，履行以下职责：

(一)负责国家林业局电子邮件日常运行维护工作，保证电子邮件服务的可用性。

(二)部署电子邮件系统病毒防范措施，及时检测、清除电子邮件中所含的恶意代码。

(三)制定并部署电子邮件过滤策略，防范垃圾邮件和内部人员通过电子邮件泄密。

(四)根据电子邮件系统的处理能力，制定电子邮件容量策略，规定用户邮箱的总容量和每封邮件的最大容量。

（五）遵守有关法律法规，维护国家林业局电子邮件系统的信息安全。

第四十二条　国家林业局电子邮件账号的使用者须承担使用该电子邮件账号所产生的相关责任与后果。电子邮件仅限于国家林业局工作人员使用，工作人员离职后须注销电子邮件账号。

第四十三条　国家林业局电子邮件账号的管理应遵循本办法第三章《账号与口令安全管理》的规定。

第四十四条　系统管理员确认某个电子邮件账号的活动可能会威胁到国家林业局信息安全时，须立即暂停该账号使用，并通知相关用户。

第四十五条　使用电子邮件的人员不得利用电子邮件从事以下活动：

（一）利用电子邮件传输任何骚扰性的、中伤他人的、恐吓性的、庸俗的、淫秽的以及其他违反法律法规和国家林业局规定的内容。

（二）利用电子邮件发送与工作无关的邮件。

（三）利用电子邮件散布电脑病毒、木马软件、间谍软件等恶意软件，干扰他人或破坏网络系统的正常运行。

第四十六条　电子邮件操作安全规定如下：

（一）未经授权任何人不得尝试以他人账号和口令登录电子邮件系统，不得阅读、下载、保存、编辑、公开或透露他人的电子邮件。

（二）用户必须严格保密其登录电子邮件系统的密码，不得泄露，如借与他人使用，由此造成的一切后果由电子邮件账号所有人承担。

（三）用户若发现任何电子邮件系统的漏洞，或任何非法使用电子邮件系统的情况，须及时报告局信息办。

（四）用户不要阅读和传播来历不明的电子邮件及其附件，提高对电子邮件病毒的防范意识，避免传播电子邮件病毒。

（五）电子邮件系统禁止存储、处理、发送涉密信息。

第四十七条　所有的电子邮件都需要进行保存和归档，存放在服务器端的电子邮件通过数据备份形式统一进行保存归档，下载到本地的电子邮件由使用者个人进行保存和归档，电子邮件至少离线保留1年。

第六章　访问控制安全管理

第四十八条　本规定适用于国家林业局所有信息系统的访问控制管理，包括但不限于如下方面：

（一）根据业务和安全需求控制对信息系统的访问。

（二）防止擅自访问网络、计算机和信息系统中保存的信息。

（三）防止未授权的用户访问。

（四）查找未授权的活动。

第四十九条 在网络环境下，使用内网网络服务和外网网络服务时，应遵守以下规定：

（一）在使用网络服务时，所有人员应遵守国家的法律、法规，不得从事非法活动。

（二）所有用户应只能访问自己获得授权的网络服务，严禁对网络服务进行非授权访问。

（三）严禁通过使用网络服务将管理数据、业务资料、技术资料等信息私自泄露给第三方。

（四）禁止非法侵入计算机信息系统或者破坏计算机信息系统功能、数据和应用程序。

第五十条 制定访问控制策略应遵循以下方针：

（一）最小授权原则。仅授予运维用户开展业务活动所必需的最小访问权限，对除明确规定允许之外的所有权限必须禁止。

（二）需要时获取。所有运维用户由于开展业务活动涉及资源使用时，应遵循需要时获取的原则，即不获取和自己工作无关的任何资源。

（三）在设定访问控制权限时，应进行必要的职责分离，以降低非授权、无意识修改、不当使用等对系统造成的危害。

第五十一条 访问控制策略应至少考虑下列内容：

（一）应用系统所运行业务的重要性。

（二）各个业务应用系统的安全要求。

（三）不同系统和网络的访问控制策略和信息价值之间的一致性。

（四）访问请求的正式授权和取消。

（五）定期评审访问控制。

第五十二条 逻辑上通过使用 MAC 地址与 IP 地址绑定等方式对网络上的设备进行标识，物理上使用信息资产标签的方式进行设备标识。

第五十三条 应保证网络跨边界的访问安全。边界使用防火墙规则、VLAN 或路由器访问控制列表等，阻止未授权 IP 地址的访问。防火墙策略的设计要遵守"缺省全部拒绝"原则，根据业务要求，只允许必需的信息流通过网络。

第五十四条 所有操作系统的登录要进行必要的控制，防止操作系统的非授权访问，在系统安全登录控制中可以考虑如下措施：

（一）用户在操作系统的登录过程中泄露最少系统相关信息。

（二）通过记录不成功的尝试、达到登录的最大尝试次数锁定等手段，达到对非授权访问登录的控制。

（三）在成功登录完成后，显示前一次成功登录的日期和时间等信息。

第五十五条 所有系统应确保该系统中用户有唯一的、专供其个人使用的标识符，应选择一种适当的鉴别技术证实用户的身份。

第五十六条 任何人不得私自安装非法软件。非工作需要不得安装以下类型的工具：

（一）网络系统管理与监控工具。

（二）漏洞扫描、渗透测试等工具。

（三）网络嗅探、口令破解等工具。

第五十七条 所有系统应设定超时不活动时限，超时后应清空会话屏幕、关闭应用和网络会话。超过一定时间用户没有操作，自动注销该用户登录。

第五十八条 访问控制应基于用户的工作角色、业务要求或工作需要。只有获得管理部门授权的人员才具有访问和管理服务器、网络设备、应用系统、数据库等的权限。

第七章 通信与操作安全管理

第五十九条 与通信和操作相关的信息安全活动应形成固定流程，重要的流程须形成文件。

第六十条 所有与通信和操作有关的变更须管理和控制。

（一）变更前填写《变更申请单》。变更的内容与过程都应详细记录，并存档。

（二）变更申请时，申请人员应制定详细的变更计划，变更计划中包含变更时间、变更人员、变更详细实施步骤、变更风险及影响、变更回退步骤等内容。

（三）变更执行前须测试，以保证变更实施时对系统产生影响降到最小。

（四）变更实施时严格按照变更计划执行，在变更执行以后，须判断变更后服务是否工作正常，如工作不正常则根据变更回退计划的内容执行回退步骤。

第六十一条 非业务需要严禁使用移动代码。移动代码是指通过一定的途径，可在软件系统之间转移，并没有明确的安装提示下在代码接收人本地系统上执行的代码。如工作需要必须要执行移动代码，应考虑使用如下控制手段：

（一）在逻辑上隔离的环境中执行移动代码。

（二）使用技术措施确保移动代码只在特定系统中可用。

（三）控制移动代码的资源访问。

（四）使用密码控制，对移动代码进行认证。

第六十二条 网络管理人员使用网管系统监测网络设备和链路的运行情况，并采取相应措施来保障网络服务的安全性：

（一）所有允许互联网用户访问的内部系统，必须置于防火墙后，防火墙策略默认为禁止。

（二）使用 VLAN 划分开不同安全级别的内部信息系统。

（三）网络设备及主机中的网管关键字要取消"Public"、"Private"等的默认设置。

第六十三条 关键网络安全事件和关键服务器安全事件应记录在事件日志中。必要时须进行查看分析系统操作系统、故障日志等内容，所有日志应妥善保管，在没有管理人员的授权下，严禁私自删除或更改系统日志。

第六十四条 对信息安全事件处理参照《国家林业局网络信息安全应急处置预案》。

第八章 附则

第六十五条 本办法由国家林业局信息办负责解释。

第六十六条 本办法自印发之日起执行。2010 年 11 月 8 日印发的《办公计算机安全管理办法》、《账号与口令管理办法》、《病毒防御管理办法》、《电子邮件安全管理办法》、《访问控制安全管理规范》、《通信与操作安全管理规范》、《信息安全事件管理规范》等 7 项信息安全管理办法（信网发〔2010〕27 号）同时废止。

（摘自中国林业网 www. forestry. gov. cn）

六、国家林业局中心机房管理办法

国家林业局于 2010 年 7 月 8 日印发《国家林业局中心机房管理办法》，具体内容详见专栏。

 **专 栏**

国家林业局中心机房管理办法

林办发〔2010〕185 号

第一章 总则

第一条 为加强国家林业局中心机房（以下简称中心机房）管理，保证网络的安全运行，根据国家有关法律法规及规定，制定本办法。

第二条 中心机房是中国林业网、国家林业局办公网和全国林业专网的核心枢纽，安装和运行着服务器、网络设备和各种应用系统，中心机房管理应当严格遵守国家计算机网络有关法律法规和管理制度。

第二章　机房建设

第三条　中心机房建设项目的立项、申报、建设、验收等工作应严格执行国家基本建设程序有关规定，由国家林业局信息化管理办公室(信息中心)统一组织实施和管理。

第四条　中心机房建设与改造项目的确定应符合《全国林业信息化建设纲要》和《全国林业信息化建设技术指南》要求，并基于林业信息化统一平台上建设。

第三章　机房管理

第五条　外单位工作人员未经批准，不得进入中心机房。

第六条　严禁携带易燃易爆等危险品进入中心机房。机房内严禁吸烟，严禁带入各类液体和使用带强磁场、微波辐射等设备及与机房工作无关的电器。

第七条　严禁在中心机房乱接电源线或超负荷用电，不得使用电热器具及与系统网络无关的设备。

第八条　进入主机房前必须换拖鞋或穿鞋套，不得随地乱丢杂物，不得大声喧哗。

第九条　外单位相关管理技术人员进入中心机房，需要向技术值班人员提出申请并征得同意后方可进入，技术值班人员须做好工作内容记录。离开机房时，应当通知技术值班人员。

第十条　外单位人员进入中心机房时不得私自携带存储设备(小硬盘、U盘、光盘、软盘等)。

第十一条　需请外单位技术人员进入中心机房进行软件安装或维护时，需事先向国家林业局信息办提出申请，说明需带入的设备、安装的软件及需操作的机器、工作时间、陪同人员等。整个操作过程应当有国家林业局信息办工作人员全程陪同，并检查其申请内容的完成情况。外单位技术人员不得进行与申请内容无关的事情，严禁擅自使用与系统无关的软件。

第十二条　未经国家林业局信息办负责人同意，不得带领外单位人员到中心机房参观、拍照、录像。

第四章　设备管理

第十三条　中心机房管理人员有权对任何危害机房及其设备安全的行为进行制止和处理。

第十四条　机房内的设备、工具、资料(光盘、软盘、参考书、说明书等）未经国家林业局信息办负责人批准，不得私自带出机房。

第十五条 各类设备出入机房都必须填写书面申请，经主管领导同意，在相关人员监督下进行并做好登记，同时必须保证相应设备的安全和运行正常。

第十六条 设备的进出登记应由专人归档、保存。

第五章 安全管理

第十七条 中心机房技术值班人员应当按照值班工作制度对中心机房进行检查与管理。

第十八条 主机房实行分区管理，主要分内网区、外网区、政务外网区等，工作人员不得随意出入与自己无关的区域。

第十九条 要确保经主管领导核准的门禁卡持有人及其权限的正确性，认真做好门禁卡的实物管理，对门禁卡的发放、回收进行登记。

第二十条 机房监控系统为 24 小时实时监控，严禁擅自关闭监控系统和录像功能。严禁在未经允许的情况下，改动监控位置和系统设置。如发生异常情况应立即上报相关部门。

第二十一条 中心机房工作人员离开机房时，应当巡视机房电源，除规定需连续工作的设备外，应当切断其他设备和照明电源，并关闭门窗，做好安全防范工作。

第二十二条 发生火灾、失窃及其他事故时，中心机房工作人员须立即报告有关领导及有关部门并迅速采取妥善措施，注意保护现场。

第二十三条 服务器、网络设备、用户资料、系统资料、相关操作程序和密码实行专人管理，同时承担保密责任。

第二十四条 管理人员必须加强关键设备(核心路由器、交换机、防火墙、服务器等，下同)操作入口的安全保密工作，定期更改管理员口令，以确保安全。

第二十五条 技术值班人员按值班管理制度对网络的运行进行监控、检查、记录以及相关的工作，确保网络、系统及信息安全。严防计算机病毒破坏网络及信息系统。

第二十六条 中心机房内关键设备的数据应当定期备份，做好备份日志，并妥善保管备份介质。

第六章 机房管理员职责

第二十七条 中心机房管理员或技术值班人员应当定期对机房内设备及线路进行检查和维护。经常检查监控系统、供电电压、机房用电电流、UPS电流、停电应急灯、空调温度、加湿器等设备的工作状态，以及房屋门窗窗帘等重点部位的安全状态,认真填写工作日志。如发现异常情况,应当立即报告有关领导,并迅速采取措施妥善解决或协同有关技术人员解决。

第二十八条 中心机房工作人员必须熟练掌握防停电、防火、防盗、防静电、防雷击等基本应急程序。

(一)遇外部供电网停电,应当首先向有关部门了解停电时间,然后根据UPS电池组的逆变能量合理分配机房用电负荷,确保核心设备的正常运行。恢复供电后,应当及时开启机房空调,保持机房适合的温度和湿度。

(二)中心机房所有工作人员应当熟练掌握消防设备的使用方法。一旦发现火情隐患,应当立即采取措施加以消除。如遇火情,应当及时扑救,并立即上报。

(三)如发现中心机房设备被盗,应当立即报告主管领导和保卫部门,并保护好现场,积极配合现场取证与案件侦破。

(四)保证中心机房防静电地板和接地地线的良好状态,每年雷雨季节到来之前都要对其进行仔细检查。如遇雷击,应当立即关闭总电源,以免对机房设备造成更大危害。

(五)中心机房内部要保持恒温恒湿,确保温度在 $20\pm5℃$,相对湿度45%-65%,避免因过分干燥产生静电而造成网络设备的意外损坏。

第二十九条 保持中心机房(包括供电房)及其设备的清洁卫生。除定期对中心机房内外环境进行整理外,还应当经常对设备电源的通风口、散热风扇等部位进行除尘。

第三十条 中心机房管理人员在办理调离手续时,必须交回所有账户、密码、机房钥匙、门禁卡及有关文档后,方可办理其他手续。

第七章 罚则

第三十一条 对违反本办法的行为,国家林业局将给予相关单位和人员通报批评。造成失泄密或重大事故的,将依据国家有关法律法规和有关规定追究领导和相关人员的责任。

第八章 附则

第三十二条 本办法由国家林业局信息办负责解释。

第三十三条 本办法自印发之日起实施。

(摘自中国林业网 www.forestry.gov.cn)

七、国家林业局网络信息安全应急处置预案

国家林业局于2010年7月8日印发《国家林业局网络信息安全应急处置预案》,具体内容详见专栏。

◎ 专 栏 ◎

国家林业局网络信息安全应急处置预案

林办发〔2010〕185号

第一章 总则

第一条 为加强国家林业局网络与信息系统的安全,确保其设备安全、运行安全和数据安全,根据国家有关法律法规及规定,制定本办法。

第二条 工作原则

(一)统一领导,协同配合。网络与信息安全突发事件应急工作由国家林业局信息办(信息中心)统一协调,相关单位按照"统一领导、归口负责、综合协调、各司其职"的原则协同配合,具体实施。

(二)明确责任,依法规范。各单位按照"属地管理、分级响应、及时发现、及时报告、及时处置、及时控制"的要求,依法对信息安全突发事件进行防范、监测、预警、报告、响应、协调和控制。按照"谁主管、谁负责,谁运营、谁负责"的原则,实行责任分工制和责任追究制。

(三)条块结合,整合资源。充分利用现有信息安全应急支援服务设施,充分依靠网络与信息安全工作力量,进一步完善应急响应服务体系,形成网络与信息安全保障工作合力。

(四)防范为主,加强监控。普及信息安全防范知识,牢固树立"预防为主、常抓不懈"的意识,经常性地做好应对信息安全突发事件的思想准备、预案准备、机制准备和工作准备,提高公共防范意识以及基础网络和重要信息系统的信息安全综合保障水平。加强对信息安全隐患的日常监测,发现和防范重大信息安全突发事件,及时采取有效的可控措施,迅速控制事件影响范围,力争将损失降到最低程度。

第三条 计算机网络与信息系统遭受不可预知的外力破坏、毁损或故障,造成系统中断、设备损坏、数据丢失等,对工作造成严重危害的网络与信息安全事件,适用本预案。

第四条 聘请专业机构或专家,成立网络与信息安全专家组,负责提供网络与信息安全技术咨询,参与重要信息研判,参与事件调查和总结评估,并在必要时直接参与网络与信息安全事件应急处置。

第二章 事件分级

第五条 I级(一般)事件:中心机房计算机网络与信息系统受到一定程度的损坏,但不影响中心机房业务正常进行的事件。

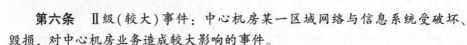
第六条 Ⅱ级(较大)事件：中心机房某一区域网络与信息系统受破坏、毁损，对中心机房业务造成较大影响的事件。

第七条 Ⅲ级(重大)事件：中心机房计算机网络与信息系统遭受大规模破坏、毁损，系统出现严重故障，中心机房业务无法进行的事件。

第三章 预防预警

第八条 网络信息监测。坚持预防为主的方针，加强网络与信息安全监测，及时收集、分析、研判监测信息，发现网络与信息安全事件倾向或苗头，迅速采取有效措施加以防范，及早消除安全隐患。

第九条 预警处理与发布

(一)发现可能发生网络与信息安全事件的单位要及时发出预警，并在2小时内向国家林业局信息办报告。

(二)国家林业局信息办接到报警后应当迅速组织有关人员进行技术分析，根据问题性质和危害程度，提出安全警报级别及处置意见，及时向各部门和相关单位发布预警信息。

(三)国家林业局信息办发布预警信息后，应当根据紧急情况做好相应的网络与信息安全应急处置准备工作。

第十条 事件报告。当发生网络与信息安全事件时，事发单位要及时向国家林业局信息办报告。初次报告最迟不超过2小时，报告内容包括信息来源、影响范围、事件性质、事件趋势和拟采取的措施等。

第四章 应急响应

第十一条 应急处置。当发生网络与信息安全事件时，首先应当区分事件性质为自然灾害事件或人为破坏事件，根据两种情况分别采用不同处置流程。

流程一：当事件为自然灾害事件时，应当根据实际情况，在保障人身安全的前提下，首先保障数据安全，然后保障设备安全。具体方法有：数据保存，设备断电与拆卸、搬迁等。

流程二：当事件为人为或病毒破坏事件时，首先判断破坏来源与性质，如属网络入侵或病毒破坏，应断开影响安全的网络设备，断开与破坏来源的网络连接，跟踪并锁定破坏来源IP地址或其他用户信息，修复被破坏的信息，恢复信息系统；如遇人为暴力破坏，立即制止并报警。

第十二条 具体处置方法。

(一)有害信息处置。确定专人全时监控网站、网页及邮件信息，对有害信息采取屏蔽、删除等措施；清理有害信息，并做好相关记录；采取技术手段追查有害信息来源；发现涉及国家安全、稳定的重大有害信息，及时向公安部门网络监察机构报告。

（二）黑客攻击处置。当发现网页内容被篡改或通过入侵检测系统发现黑客攻击时，首先将被攻击服务器等设备从网络中隔离；采取技术手段追查非法攻击来源；召开信息安全评估会，评估破坏程度；恢复或重建被破坏的系统。

（三）病毒侵入处置。当发现计算机服务器系统感染病毒后，立即将该计算机从网络上物理隔离，同时备份硬盘数据；启用防病毒软件进行杀毒处理，并使用病毒检测软件对其他计算机服务器进行病毒扫描和清除；一时无法查杀的新病毒，迅速与相关防病毒软件供应商联系解决。

（四）软件遭受破坏性攻击处置。重要软件系统必须存有备份，与软件系统相对应的数据必须有多日备份，并将它们保存于安全处；一旦软件遭受破坏性攻击，应当立即报告，并将系统停止运行；检查日志等资料，确认攻击来源；采取有效措施，恢复软件系统和数据。

（五）数据库安全防范处置。各数据库系统至少要准备两个以上数据库备份，一份放在机房，一份放在其他地点；一旦数据库崩溃，立即通知有关单位暂缓上传、上报数据；组织对主机系统进行维修，如遇无法解决的问题，立即请求软硬件供应商协助解决；系统修复启动后，将第一个数据库备份取出，按照要求将其恢复到主机系统中；如因第一个备份损坏，导致数据库无法恢复，则取出第二个数据库备份予以恢复。

（六）全国林业专网外部线路中断处置。专网线路中断后，应当迅速判断故障节点，查明故障原因；如属中心机房内部线路故障，立即组织恢复；如属通信部门管辖的线路，立即与通信维护部门联系，及时进行修复。

（七）局域网中断处置。局域网中断后，应当立即判断故障节点，查明故障原因；如属线路故障，迅速组织修复；如属路由器、交换机等网络设备故障，立即与设备供应商联系修复；如属路由器、交换机配置文件破坏，迅速按照要求重新配置；如遇无法解决的技术问题，立即向国家林业局信息办主管负责人或有关厂商请求支援。

（八）设备安全处置。发现服务器等关键设备损坏，应当立即查明设备故障原因；能自行恢复的，立即用备件替换受损部件；难以自行恢复的，立即与设备供应商联系，请求派维修人员前来维修；如设备一时不能修复，应当及时采取必要措施，并告知有关单位暂缓上传、上报数据。

（九）机房火灾处置。一旦机房发生火灾，首先切断所有电源，按响火警警报；检查自动气体灭火系统是否启动，并及时通过 119 电话向公安消防部门请求支援。

(十)外电中断处置。外电中断后,立即切换到备用电源;迅速查明断电原因,如因内部线路故障,马上组织恢复;如因供电部门原因,立即与供电单位联系,尽快恢复供电;如被告知将长时间停电,应当做好以下工作:预计停电1小时以内,由UPS供电;预计停电6小时以内,关掉非关键设备,确保各主机、路由器、交换机供电;预计停电超过6小时的,做好数据备份工作,及时关闭有关设备。

其他没有列出的不确定因素造成的灾害,可根据总的安全原则,结合具体情况做出相应处理;不能处理的可咨询相关专业人员。

第十三条 应急支援。发生Ⅱ级以上(含Ⅱ级)网络与信息安全事件,应当立即成立由国家林业局信息办主要负责人带队的应急处置小组,督促、指导、协调应急处置工作;发生Ⅱ级以下级别网络与信息安全事件,应当立即成立由国家林业局信息办分管负责人带队的应急处置小组,督促、指导、协调应急处置工作。应急处置小组根据事态发展和处置工作需要,及时联系专家小组和应急支援单位,并有权临时调动系统内必要的物资、设备,开展应急支援。

第十四条 善后处理。应急处置工作结束后,要迅速组织抢修受损设施,减少损失,尽快恢复正常工作;对事件造成的损失和影响进行分析评估;调查事故原因,制定恢复重建计划并组织实施。

第五章 保障措施

第十五条 应急队伍保障。国家林业局信息办要组建网络与信息安全应急处置队伍(包括安全分析员、应急响应人员、灾难恢复人员等),制定相应培训和演练计划,提高应对网络与信息安全事件的能力。

第十六条 设备保障。根据工作需要,及时采购应急处置工作必需的设备或工具软件;加强应急处置工具及设备维护调试,保证其随时处于可用状态;跟踪最新技术发展动态,及时收集、整理文件完整性检测工具、木马/后门检测工具等;及时更新病毒库、脆弱性评估系统插件库等。

第十七条 数据保障。重要信息系统应当建立备份系统和相关工作机制,保证重要数据受到破坏后可紧急恢复。各容灾备份系统应当具有一定兼容性,在特殊情况下各系统之间互为备份。

第十八条 技术资料保障。全面的技术资料是高效应急处置的前提和基础。网络拓扑结构、重要系统或设备的型号及配置、主要设备厂商信息等技术资料,应当建立专门技术档案,并及时更新,保证与实际系统相一致。

第六章 罚则

第十九条 对违反本办法的行为,国家林业局将给予相关单位或人员通报批评。造成失泄密或重大事故的，将依据国家有关法律法规和有关规定追究有关领导和人员的责任。

第七章　附则

第二十条　本预案由国家林业局信息办负责解释。

第二十一条　本预案自印发之日起实施。

（摘自中国林业网 www.forestry.gov.cn）

第二节　省级林业主要网络管理制度

本节主要以浙江省为例对省级林业的主要网络管理制度进行介绍。

一、浙江省林业厅信息安全组织机构管理制度

浙江省林业厅于 2017 年 1 月 17 日印发《浙江省林业厅信息安全组织机构管理制度》，具体内容详见专栏。

 **专　栏**

浙江省林业厅信息安全组织机构管理制度

第一条　为加强信息安全管理，明确信息安全责任，保障林业信息化建设的稳步发展，特制定本制度。

第二条　在浙江省林业厅信息化建设领导小组的统一领导下，设立浙江省林业厅网络与信息安全工作组（以下简称工作组），组长由分管信息化和保密工作的厅领导担任，厅机关各处室、直属各单位负责人作为工作组成员，浙江省林业信息中心（以下简称信息中心）负责日常事务。

第三条　工作组职责：

1. 领导信息安全工作的规划、建设和管理，协调处理信息安全工作中产生的重大问题，建设和完善信息安全组织体系。

2. 负责审定信息安全应急策略及应急预案，决定相应应急预案的启动，负责现场指挥，并组织相关人员排除故障，恢复系统。

3. 及时向浙江省林业厅信息化建设领导小组和上级有关部门、单位报告信息安全事件。

第四条　厅机关各处室、直属各单位职责：

1. 根据信息安全等级保护制度，负责制定自建信息系统安全等级保护工作计划、采购（厅机关统一采购）和使用相应等级的信息安全产品、建设安全

设施、落实安全技术措施、完成系统整改等。

2. 组织开展自建信息系统信息安全自查工作，并督促第三方维护单位及时整改，协调第三方运维单位做好信息系统安全加固工作。

3. 每年至少组织一次对自建信息系统相关人员的应急预案培训和应急预案演练，包括启动应急响应的条件、应急处理流程、系统恢复流程、事后教育和培训等内容，并对应急预案进行定期审查和更新。

4. 按照"谁主管、谁负责，谁运营、谁负责"的原则，落实信息安全责任制，建立重大节假日和重要活动期间安全值守机制。

第五条　信息中心职责

1. 落实浙江省林业厅信息化建设领导小组和工作组作出的决定和措施。

2. 负责信息安全工作检查、指导，监控整合到全省林业业务系统及数据整合平台上的信息系统安全情况，分析信息安全总体状况，提出安全风险的防范对策。

3. 组织对浙江省林业厅信息安全应急策略和应急预案的测试和演练。

4. 汇总有关信息安全突发事件的重要信息，进行综合分析，并提出建议。

5. 获取先进的信息安全技术，组织信息安全知识的培训和宣传工作。

**第六条　**本制度由信息中心负责解释。

**第七条　**本制度自发布之日起施行。

二、浙江省林业厅信息机房管理制度

浙江省林业厅于 2017 年 1 月 17 日印发《浙江省林业厅信息机房管理制度》，具体内容详见专栏。

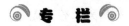

浙江省林业厅信息机房管理制度

第一章　总则

**第一条　**为保证浙江省林业厅信息机房设备与信息的安全，保障机房有良好的运行环境和工作环境，确保系统安全、稳定、高效运行，根据有关规定，结合浙江省林业厅实际情况，制定本制度。

**第二条　**本制度适用于浙江省林业厅信息机房。

**第三条　**浙江省林业信息中心（以下简称信息中心）负责浙江省林业厅信息机房管理。

**第四条　**机房运维人员包括信息系统主管单位、信息系统运行维护单位、网络运行维护单位、网络接入单位相关工作人员及机房管理员。

第二章　机房出入管理

第五条　所有进出机房人员必须遵守浙江省林业厅发布的与信息安全相关的各项规章制度。

第六条　非机房运维人员未经信息中心许可不得进入机房。

第七条　非机房管理员进入信息机房必须进行登记，登记内容必须包括工作单位、姓名、进入及离开机房的日期与时间、身份证号码、访问事由等信息。机房管理员需全程陪同并签字。

第八条　进入机房人员不得携带任何易燃、易爆、腐蚀性、强电磁、辐射性、流体物质等对设备正常运行构成威胁的物品。

第三章　机房运行管理

第九条　信息中心对网络进行监控。监控网络运行状况，包括网络流量情况、网络设备运行情况和服务器运行情况等内容。

第十条　进入机房人员未经信息中心许可不得擅自上机操作，不得对运行设备及各种配置进行更改。进行操作及更改必须提交系统建设单位负责人签字审核的书面材料。

第十一条　机房内各类设备不得传输、存储、处理涉密数据。机房内各类设备的添加、更换必须经信息中心负责人书面批准后方可进行，并进行详细记录，对设备档案资料整理存档。

第十二条　机房运维人员应定期进行安全检查工作，及时修复系统漏洞，定期查杀病毒。

第十三条　机房运维人员应严格遵守保密制度，不得私自拷贝各种信息资料与数据，如确需下载或拷贝文件时，需上报信息中心审查备案。

第十四条　机房运维人员必须严守职业道德和职业纪律，严格执行密码管理规定，对操作密码定期更改，不得将任何设备的密码、账号等资料告诉他人，不得擅自泄露各种信息资料与数据。

第十五条　机房内服务器、网络设备、UPS电源、精密空调等。重要设施由机房运维人员严格按照规定操作，严禁随意开关。机房重要主机若带有光驱和USB口等输出设备，应由机房运维人员负责机柜上锁。

第十六条　机房精密空调温度应设置在25℃，机房温度应保持在23～26℃，机房湿度应低于70%，正常情况下任何人不得随意调整；机房门窗必须随时关闭，同时尽量减少开关次数。

第十七条　机房管理员对机房温湿度和机房精密空调实行定时巡检，每日2次，分别是早上9：00左右，下午17：00左右。每次需记录巡检温湿度，同时保存 3 个月内的巡检纪录。若发现精密空调设备发生故障，应及时向信息中心负责人汇报，并联系供应商尽快维修和处理。

第四章　机房安全管理

第十八条　机房门禁卡由信息中心指定的专人保管，不得转借他人使用，发生丢失要及时向信息中心负责人汇报。

第十九条　机房内严禁吸烟、喝水、吃食物、嬉戏和进行剧烈运动，保持机房安静。

第二十条　不定期对机房内设置的消防器材、监控设备进行检查，以保证其有效性。

第二十一条　机房管理员随时监控中心设备运行状况，发现异常情况应立即向信息中心负责人汇报，并详细记录。

第五章　附则

第二十二条　本制度由信息中心负责解释。

第二十三条　本制度自发布之日起生效执行，2011 年 5 月印发的《浙江省林业厅信息机房管理暂行规定》同时废止。

三、浙江省林业厅信息资产和设备管理制度

浙江省林业厅于 2017 年 1 月 17 日印发《浙江省林业厅信息资产和设备管理制度》，具体内容详见专栏。

专　栏

浙江省林业厅信息资产和设备管理制度

第一章　总则

第一条　为规范浙江省林业厅信息资产和设备的配置、使用、处置。根据《关于印发〈浙江省林业厅机关财务管理实施细则〉等五项制度的通知》（浙林计〔2015〕90 号）规定，结合我厅实际，制定本制度。

第二条　本制度中的信息资产是指任何有价值信息的存在形式或者载体，包括：硬件、软件（含信息系统数据）等，关键信息基础设施是指等保三级以上信息系统。

第三条　信息资产中的资产信息范围包含但不限于：计算机主机名、IP 地址、MAC 地址、使用人员、管理人员、所属处室（单位）、物理位置、服务器的内外网 IP 对应等。

第四条　本制度中涉及的保密内容统一由厅办公室负责管理。

第二章 信息资产的获取

第五条 硬件、软件设施主要以采购的方式获得，并按《关于印发〈浙江省林业厅机关财务管理实施细则〉等五项制度的通知》(浙林计〔2015〕90号)规定进行采购和验收。购买计算机办公设备必须符合预装正版操作系统软件的要求。软件配置遵循安全性、适用性、经济性和正版化的原则，不得配置非正版软件。

第六条 厅机关各处室、直属各单位梳理各类关键信息基础设施，报浙江省林业信息中心(以下简称信息中心)备案，确保关键信息基础设施的完备性。

第七条 后勤中心应对厅机关各处室的信息资产进行统一编号，信息中心对厅机关各处室的关键信息基础设施进行统一标识，硬件设备粘贴在设备明显位置处。直属各单位的信息资产及关键信息基础设施由所在单位自行进行编号和标识。

第八条 信息中心负责建立厅机关各处室的规范正版软件管理台账，对各类正版软件进行登记。内容包括：软件名称、版本、许可证(授权书)编号、使用部门、使用人员等。有关的软件介质、说明书、使用许可证(或合同)等相关资料由采购单位安排专人负责妥善保管。直属各单位自行建立规范正版软件管理台账，并进行软件介质、说明书、使用许可证(或合同)等相关资料的妥善保管。

第三章 信息资产的分类

第九条 厅机关各处室、直属各单位建立信息资产清单并将每项信息资产的资产类别、信息资产编号、资产现有编号、资产名称、所属处室(单位)、管理人员、使用人员、地点等相关信息记录在资产清单上。

第十条 资产的分类原则和编号原则如下：

1. 硬件

(1)计算机设备：台式机、笔记本、服务器。

(2)存储设备：磁盘阵列、移动硬盘、U盘、光盘等。

(3)网络设备：路由器、交换机、网关等。

(4)传输线路：光纤、网线。

(5)安全设备：防火墙、入侵检测、网络隔离设备(如网闸)、堡垒机等。

(6)办公设备：打印机、复印机、扫描仪、传真机、碎纸机、多功能一体机等。

(7)保障设备：动力保障设备(UPS、变电设备)、精密空调、视频监控、门禁、消防设施等。

（8）其他设备。

2. 软件

如：系统软件（Windows XP 操作系统）、应用软件（office/AutoCAD）等。

3. 电子数据存在电子媒介的各种数据资料。如：源代码、数据库数据、各种数据资料、系统文档、运行管理规程、计划、日周月报告、财务报告（电子版本）、用户手册、方案、电子设计图纸等。

4. 其他

第十一条 按照《涉及国家秘密的信息系统分级保护技术标准》和信息安全管理体系建设要求，按照信息资产的公开和敏感程度，将信息资产划分为不同的保护等级，并对不同等级的信息资产进行保护，确保信息安全。厅机关各处室、直属各单位要将所有的移动介质和电子文件按照敏感性和重要程度分为不同的保护等级，保密级别与保密期限由厅保密委定义。

第四章 硬件资产的使用和处置

第十二条 *硬件资产的保存*

1. 设备的选址应采取控制措施以减小潜在物理威胁，例如：偷窃、火灾、爆炸、烟雾、水（或供水故障）、温度、湿度、尘埃、强烈振动、电源干扰、通信干扰、电磁辐射和故意破坏等。

2. 处理敏感数据的信息处理设施应放置于安全区域，以减少信息泄露风险，保护储存设施以防止未授权访问。

3. 对有特殊保护要求的硬件资产及其部件要提供相应条件以满足特殊安全要求。

第十三条 *硬件资产的日常使用*

1. 所有的硬件资产必须明确设备的使用人员、管理人员及其职责。

2. 硬件资产的使用人员（或管理人员）负责设备日常维护，保证硬件资产的安全、完整，防止信息载体的毁坏和信息的泄密，防止信息处理设施的滥用，发生毁坏、丢失等问题时及时处置。

3. 在人员上岗时，厅机关各处室、直属各单位可根据需要为上岗人员配备必要的办公设备（笔记本电脑或台式计算机）。信息中心根据该上岗人员所在单位提供的开通网络书面申请为其设置相应的网络权限。

4. 对于无人值守的设备，厅机关各处室、直属各单位要明确管理人员，加强物理安全控制。

5. 其他新硬件设备接入网络按照相关规定处理。

第十四条 *硬件资产的转移*

1. 设备迁移时，必须先对设备中存储的重要信息进行备份。

2. 设备迁移完成后，必须检查设备是否损坏，并做好记录。

3. 设备迁移出本单位时，设备中禁止存放重要信息，以防止重要信息泄露。

第十五条　硬件资产的处置

1. 存储设备销毁前，必须确保所有存储的敏感数据或授权软件已经被移除或安全重写。

2. 服务器、网络设备由信息中心进行安全配置。

3. 厅机关各处室采购的服务器、台式机、打印机、传真机、扫描仪等硬件设备的处置由后勤中心登记。直属各单位自行采购的服务器、台式机、打印机、传真机、扫描仪等硬件设备的处置由所在单位登记。

4. 厅机关各处室硬件设备如需报废，应向后勤中心提出报废申请，经批准后报废，并将报废单报信息中心备案登记。

5. 直属各单位硬件设备报废，由所在单位自行登记报废。

第五章　软件资产的使用和处置

第十六条　软件资产的使用

1. 所有的软件资产必须设置专人管理，明确职责，避免软件资产的丢失、泄密。

2. 厅机关各处室所有正版软件(如操作系统软件、办公软件、杀毒软件等)由信息中心管理，直属各单位由所在单位管理，在安装软件时要规定使用权限，防止非授权访问。

3. 信息中心每年至少开展一次软件使用情况全面检查工作，通报检查结果。对检查发现的问题，督促相关单位认真整改。

第十七条　防止可能侵犯软件知识产权风险的注意事项

1. 电脑内已安装未获授权的软件，应立即移除。

2. 需确保已安装的软件的数目没有超过已购置的软件特许权证书数目。

3. 购买新的计算机时，已预装相关软件的，要核对该软件是否已获得适当的特许使用权，及取得相关的证书。

4. 加强版权意识，不得向浙江省林业厅以外的单位或个人提供任何正版软件。

第十八条　厅机关各处室、直属各单位不得从事下列行为：

1. 擅自复制和销售计算机软件产品的复制品。

2. 未经授权把计算机软件放在网上供他人下载。

3. 故意删除或者改变计算机软件权利管理信息。

第十九条　厅机关各处室，因以下情况申请报废的，向后勤中心提出申请，经后勤中心审核同意后，方可报废。直属各单位软件资产报废，由所在单位自行登记报废。

1. 已经达到规定的最低使用年限，且无法继续使用的。

2. 未达到规定的最低使用年限，因技术进步等原因无法继续使用的。

3. 未达到规定的最低使用年限，因计算机硬件报废，且无法迁移到其他计算机上继续使用的。

第六章　电子数据的使用和处置

第二十条　电子数据的使用

1. 对所有电子数据进行分类、分级，标识未授权人员的访问限制，不同安全级别的数据应存储在不同的区域，按类按级传达，便于信息的安全管理。

2. 不同类型的电子文件存放在个人计算机或服务器中，便于整理和查阅以及工作交接时转移。

3. 对于存于服务器上的电子数据的访问，根据服务器提供服务的不同与部门、职务的不同，设置不同的访问权限，避免非授权访问。

4. 对于内部公开级别的电子信息，其使用要控制在内部，禁止带出。

5. 对于秘密级别以上的电子文件的处理过程，必须保障数据的完整性、机密性和可用性。

6. 对于秘密级别以上的电子文件的使用，系统应进行审计。

7. 对于秘密级别以上的电子文件的传输，必须采取适当的安全措施加以保护，如加密传输、分散传输等。

8. 在整理电脑中的电子数据时，要小心操作，确认后再进行处理，避免由于误操作将有用的电子数据删除。

第七章　安全设备管理

第二十一条　信息中心负责厅信息机房内安全设备管理，其余由采购单位自行管理。

第二十二条　设备的选型

1. 严禁采购和使用未获得销售许可证的信息安全产品。

2. 应优先采用我国自主开发研制的信息安全技术和设备。

3. 避免采用境外的密码设备。

4. 如需采用境外信息安全产品时，必须确保产品获得我国权威机构的认证测试和销售许可证。

5. 使用经国家密码管理部门批准和认可的国内密码技术及相关产品。

6. 终端物理隔离必须使用国家保密局认可的隔离卡或采用国家保密局认可的其他方式。

第二十三条 设备检测信息系统中的所有安全设备必须符合中华人民共和国国家标准《数据处理设备的安全》及《电动办公机器的安全》中规定的要求，其电磁辐射强度、可靠性及兼容性也必须符合安全管理等级要求。

第二十四条 设备安装

1. 设备符合系统选型要求并获得批准后，方可购置安装。

2. 凡购回的设备均须在测试环境下经过连续72小时以上的单机运行测试和联机48小时的兼容性运行测试。

3. 主机、服务器、网络设备、安全设备等上架运行前必须通过安全检测，禁止直接接入网络。

4. 通过上述测试后，设备才能接入网络，正式运行。

第八章 附则

第二十五条 本制度相关安全内容由信息中心负责解释，相关保密内容由厅办公室负责解释。

第二十六条 本制度自发布之日起生效执行。

四、浙江省林业厅信息系统运行维护管理制度

浙江省林业厅于2017年1月17日印发《浙江省林业厅信息系统运行维护管理制度》，具体内容详见专栏。

◎ 专 栏 ◎

浙江省林业厅信息系统运行维护管理制度

第一章 总则

第一条 本制度中的信息系统是指由计算机硬件、网络和通信设备、计算机软件、信息资源等组成，能进行信息的收集、传递、存贮、加工、维护和使用的系统，包括网站、业务系统、移动客户端等。

第二条 本制度适用于浙江省林业厅所属各信息系统的运行维护管理，包括：信息系统运维管理、备份和恢复、口令和权限管理、恶意代码防范管理以及系统补丁管理。

第二章 信息系统运维管理

第三条 厅机关各处室、直属各单位中整合在全省林业业务系统及数据整合平台上的信息系统，由信息中心负责部署安全管理中心，对系统的整体安全情况实时监管，并定期进行安全检查。其余自建信息系统，由信息系统建设单位负责开展。

第四条 信息中心定期对主机系统上开放的网络服务和端口进行检查，发现不需要开放的网络服务端口时及时进行关闭。信息系统建设单位不得随意重启信息系统服务器，尽量少安装与业务无关的其他软件。

第五条 不同信息系统应采取不同的保护措施，达到等级保护二级以上标准时应向公安部门提交备案申请并取得备案编号。已在公安部门备案的信息系统要根据《信息系统安全及等级保护定级指南》和上级主管部门的工作要求开展测评和整改工作。厅机关各处室、直属各单位中整合在全省林业业务系统及数据整合平台上的信息系统，由信息中心负责开展安全等级测评工作。其余自建信息系统，由信息系统建设单位负责开展。

第六条 所有在互联网发布的信息系统都必须在通信管理部门进行备案登记。已备案信息系统应注意前次备案的有效期限，应在备案失效前再次向通信管理部门报送材料进行备案，保证信息系统备案状态的持续性。

第三章 备份与恢复管理

第七条 厅机关各处室、直属各单位中整合在全省林业业务系统及数据整合平台上的信息系统，由信息中心负责数据备份恢复工作。其余自建信息系统由各信息系统建设单位负责。需备份的信息数据包括：各信息系统的全部数据，操作系统、应用软件配置参数，关键网络设备配置参数及其他数据文件。

第八条 信息系统建设单位需定期对信息系统数据库进行审计，进行数据库修改、删除、导入、导出等操作时，需要提出书面申请，经信息系统建设单位负责人审核同意后才可进行。信息系统建设单位需对操作人信息、操作时间、操作内容、操作结果进行登记。

第九条 按照业务数据的重要性，采取不同介质进行备份，如：磁盘阵列、移动硬盘、光盘等。备份介质要标注内容、日期、操作员和状态。每次备份必须进行备份记录，对备份介质类型、备份的频率、数据量、数据属性等有明确描述，并及时检查备份的状态和日志，确保备份成功。

第十条 定期做好数据备份，并选择一种或几种备份交叉的形式制定备份策略，灵活运用完全备份、增量备份和差异备份等方式进行备份，保证信息系统出现故障时，能够满足数据恢复的时间点和速度要求。

第十一条 对服务器等设备进行软件安装、系统升级或更改配置时，应进行系统和数据、设备参数的完全备份。数据备份至少应保留两份拷贝，一份在数据处理现场，以保证数据的正常快速恢复和数据查询，另一份根据重要性选择异地存放或档案室统一存放。正确使用数据存储介质，避免暴露于强电磁场内、过热或过冷的环境，确保数据有效性。

第十二条　定期检查备份数据和备份数据存储环境，确保备份数据的完整有效。恢复备份数据，需经信息系统建设单位负责人书面审核同意后进行，并将当前数据备份，做好详细记录，永久保存备查。数据恢复完成后，数据使用部门需对系统和数据进行全面检查，确认恢复效果。

第十三条　对于关键信息基础设施(等保三级以上信息系统)，每年应至少进行一次备份数据的恢复演练。

第四章　口令、权限管理

第十四条　口令安全是保护信息安全的重要措施之一。口令规范如下：

1. 保守口令的秘密性，除非有正式批准授权，禁止把口令提供给其他人使用。

2. 避免记录口令(如：在纸上记录)，除非使用了安全的保管方式(如：保险柜)并得到了批准。

3. 提高安全意识，当信息系统或账户状态出现异常情况时(如怀疑被入侵)，应立即更改口令。

4. 设置高质量的口令并定期进行修改，建议口令长度为 6-20 字符，由字母、数字和符号三种以上组成，禁止循环使用旧口令。

5. 用户在第一次登录的时候，须立即修改初始口令。

6. 不能在任何登录程序中保存口令或启用自动登录，如在宏或功能键中存储口令。

7. 网络设备或服务器、桌面系统的口令安全设置，必须遵守系统安全策略中的相关要求。

第五章　恶意代码防范管理

第十五条　所有计算机、服务器等设备必须安装防病毒软件并实时运行。及时更新防病毒软件和病毒特征库。严禁制造、引入或传播恶意软件(如：病毒、蠕虫、木马、邮件炸弹等)。

第十六条　非本单位计算机严禁擅自接入规定业务以外的其他网络，如因工作需要接入的，须经信息中心批准和确认。

第十七条　新购置的、借入的或维修返还的计算机或存储介质，在使用前必须进行恶意代码检查，确保无恶意代码之后才能正式投入使用。

第十八条　移动硬盘、U 盘、光盘以及其他移动存储介质在使用前必须进行恶意代码检测，严禁使用任何未经恶意代码检测过的存储介质。

第十九条　计算机软件以及从其他渠道获得的电子文件，在安装使用前必须进行恶意代码检测，禁止安装或使用未经恶意代码检测的计算机软件和电子文件。

第二十条　文件拷入计算机之前必须经过恶意代码扫描，文件拷贝的途径包括但不限于网络共享文件的拷贝、通过移动硬盘或 U 盘等移动存储媒介的拷贝、从互联网上下载文件、下载邮件等。

第二十一条　邮件的附件在打开之前必须进行病毒检测。收到来历不明的邮件时不要打开附件，应确认文件安全或直接删除。

第六章　系统补丁管理

第二十二条　信息系统建设单位需定期委托第三方对信息系统进行漏洞扫描，对发现的信息系统漏洞和风险进行及时的修补。

第二十三条　信息系统建设单位需每季度对信息系统设备(包括：主机、网络设备、数据库等)至少进行一次漏洞扫描，并对扫描报告进行分析和归类存档。

第二十四条　信息系统建设单位需定期检查信息系统的各种补丁状态，并及时更新，在安装信息系统各类补丁前须对补丁的兼容性和安全性进行评估和检测，确保新补丁不影响信息系统的正常运行。

第二十五条　当出现应对高危漏洞的信息系统补丁时，信息系统建设单位应在第一时间组织补丁的测试工作，并对漏洞进行修补。每月根据收集情况安排补丁分发，如遇紧急更新，第一时间进行分发。

第七章　附则

第二十六条　本制度由信息中心负责解释。

第二十七条　本制度自发布之日起生效执行。

五、浙江省林业厅网络与信息安全事件应急预案

浙江省林业厅于 2016 年 6 月 15 日印发《浙江省林业厅网络与信息安全事件应急预案》，具体内容详见专栏。

专　栏

浙江省林业厅网络与信息安全事件应急预案

为科学应对浙江省林业厅网络与信息安全(以下简称信息安全)突发事件，建立健全信息安全应急响应机制，有效预防、及时控制和最大限度地消除各类信息安全突发事件的危害和影响，特制定本预案。

一、工作原则

1. 统一领导，协同配合。省林业厅信息安全突发事件应急工作由省林业厅信息化建设领导小组统一领导和协调，相关部门协同配合，具体实施。

2. 明确责任，依法规范。省林业厅机关各处室及厅直属各单位按照"属地管理、分级响应、及时发现、及时报告、及时救治、及时控制"的要求，依法对信息安全突发事件进行防范、监测、预警、报告、响应、协调和控制。按照"谁主管、谁负责，谁运营、谁负责"的原则，积极处置信息安全突发事件。

3. 条块结合，整合资源。充分利用现有信息安全应急支援服务设施，进一步完善应急响应服务体系。

4. 快速反应，迅速处理。发现突发事件，应迅速逐级上报。同时，采取必要的应急手段，控制事态的发展。做好安全事件的历史记录，以便追查根源，并配合相关部门进行处理。

5. 防范为主，加强监控。宣传普及信息安全防范知识，做好应对信息安全突发事件的思想准备、预案准备、机制准备和工作准备。加强对信息安全的日常监测，发现和防范重大信息安全突发性事件，及时采取有效的可控措施，迅速控制事件影响范围，力争将损失降到最低程度。

二、组织机构及职责

在省林业厅信息化建设领导小组的统一领导下，设立省林业厅网络与信息安全工作组，由省林业信息中心牵头。其主要职责是：

1. 拟订省林业厅应对信息安全突发事件的应急预案，会同有关处室(单位)组织制定全厅信息安全突发事件应急文件及方案，负责信息安全突发事件的及时收集、上报和通报，负责向省林业厅领导和公安等相关部门报告有关工作情况。

2. 监测省林业厅门户网站等重要信息系统运行安全，对发生重大计算机病毒疫情和大规模网络攻击事件进行预防和处置。依法查处网上散布谣言、制造恐慌、扰乱社会秩序、恶意攻击党和政府的有害信息。

3. 组织相关技术人员及专业安全机构人员做好应急处置工作，保障应急处理体系建设和突发事件应急处理所需经费。

三、安全预防与预警机制

(一)预防预警信息

1. 预防预警信息的来源

(1)来自于上级部门及国家安全部门包括国家林业局、省委外宣办、省公安厅、省经信委、省通信管理局等)的预防预警信息。

(2)日常网络状况的监测和分析

建立一套网络流量分析系统，对网络中的流量进行统计分析，通过对异常状况进行分析实现网络安全预警。

(3)个别用户的投诉

通过对用户投诉的处理,分析是否由安全漏洞或恶意攻击引起,若具有普遍性,进行预警。

2. 预防预警的处置原则:按照早发现、早报告、早处置的原则,明确影响范围、了解信息渠道、加强监督与管理、落实责任机制建设。

(二)预防预警行动

1. 针对上述的预防预警信息来源,采取相应的方式方法及渠道予以处理,包括:

(1)及时传达上级部门的预防预警信息。

(2)分析日常网络运行状况,对可能存在的安全隐患进行及时处理,对涉及人员进行重点监控。

(3)做好相关数据日志记录,定期进行数据备份及登记,建立灾难性数据恢复机制。

2. 监督检查措施:定期对网络安全状况进行安全审计和漏洞扫描,对机房物理环境及温湿度进行监控。

四、应急处理程序

(一)级别的确定

信息安全突发事件级别分为四级:一般(Ⅳ级)、较大(Ⅲ级)、重大(Ⅱ级)和特别重大(Ⅰ级)。

Ⅳ级:厅属局部网络及信息系统发生一定程度损害,对省林业厅一般业务活动造成轻微影响,可由相应技术人员单独处置的突发事件。

Ⅲ级:厅属重要部门网络、重要信息系统、重点网站瘫痪,导致业务中断,对省林业厅主要业务活动造成影响,但无需跨部门协同处置的突发事件。

Ⅱ级:厅属重要部门网络、重要信息系统、重点网站瘫痪,导致业务中断,对社会秩序、公共利益等造成一定损害,无法短时间内恢复,需要省林业厅跨部门协同处置的突发事件。

Ⅰ级:厅属重要部门网络、重要信息系统、重点网站瘫痪,导致业务中断,对社会秩序、公共利益等造成重大危害,事态发展超出省林业厅控制能力和范围的突发事件。

(二)预案启动

1. 发生Ⅳ级网络信息安全事件后,厅网络与信息安全工作组启动相应预案,组织相关技术人员做好应急处置工作。

2. 发生Ⅲ级网络信息安全事件后,厅网络与信息安全工作组启动相应预案,组织相关技术人员做好应急处置工作,并负责及时向省林业厅分管领导进行报告。

3. 发生Ⅱ级的信息安全突发事件后，厅网络与信息安全工作组启动相应预案，协调省林业厅各相关部门，组织、指挥相关技术人员及专业安全机构人员做好应急处置工作，并负责及时向厅信息化建设领导小组和公安部门进行报告。

4. 发生Ⅰ级的信息安全突发事件后，厅网络与信息安全工作组启动相应预案，请求上级部门支持，协调省林业厅各相关部门，组织、指挥相关技术人员及专业安全机构人员做好应急处置工作，并负责及时向上级应急部门和公安等部门进行报告。

(三)现场应急处理

事件发生单位应配合厅网络与信息安全工作组尽最大可能收集事件相关信息，判别事件类别，确定事件来源，保护证据，缩短应急响应时间。

检查威胁造成的结果，评估事件带来的影响和损害；检查系统、服务、数据的完整性、保密性或可用性；检查攻击者是否侵入了系统，以后是否能再次随意进入；损失的程度；确定暴露出的主要危险等。

抑制事件的影响进一步扩大，限制潜在的损失与破坏。可能的抑制策略一般包括：关闭服务或关闭所有的系统，从网络上断开相关系统的物理链接，修改防火墙和路由器的过滤规则；封锁或删除被攻破的登录账号，阻断可疑用户得以进入网络的通路。

在事件被抑制之后，通过对有关恶意代码或行为的分析，找出事件根源，明确相应的补救措施并彻底清除。清理系统，恢复数据和服务。把所有被攻破的系统和网络设备彻底还原到正常状态，恢复工作避免出现因操作失误而导致数据丢失。如果攻击者获得了超级用户的访问权，应强制性地修改所有的口令。

(四)报告和总结

回顾并整理发生事件的各种相关信息，尽可能地把所有情况记录到文档中。发生重大信息安全事件的单位应当在事件处理完毕后的2个工作日内将处理结果报省林业厅信息化建设领导小组备案。

(五)应急行动结束

根据信息安全事件的处置进展情况，厅网络与信息安全工作组组织相关部门及专家组对信息安全事件处置情况进行综合评估，报省林业厅批准后结束应急行动。

(六)教育和培训

应急行动结束后，对相关人员进行教育和培训，提高公共防范意识以及基础网络和重要信息系统的信息安全综合保障水平。

五、保障措施

(一)技术支撑保障

厅网络与信息安全工作组建立预警与应急处理机制,进一步提高安全事件的发现和分析能力,从技术上逐步实现发现、预警、处置、通报等多个环节及不同部门之间应急处理的联动机制。

(二)应急队伍保障

加强信息安全人才培养,强化信息安全宣传教育,建设一支高素质、高技术的信息安全核心人才和管理队伍,提高信息安全防范意识。

(三)专项资金保障

省林业厅本级部门预算中应安排一定的预防和应对信息安全突发事件专项资金,为有效处置信息安全突发事件提供必要的经费保障。

(四)技术储备保障

厅网络与信息安全工作组组织有关专家和技术力量,开展应急运作机制、应急处理技术、预警和控制等研究,组织相关人员参加培训,推广和普及应急技术。

本预案自下发之日起实施。

六、浙江省林业厅突发网络舆情应急预案

浙江省林业厅于 2016 年 6 月 15 日印发《浙江省林业厅突发网络舆情应急预案》,具体内容详见专栏。

◎ 专 栏 ◎

浙江省林业厅突发网络舆情应急预案

为适应互联网发展的新形势,进一步规范林业领域突发网络舆情应急管理工作,妥善处置网络舆情危机和消除负面影响,为我省林业改革发展营造健康有序的网络舆论环境,特制定本预案。

一、适用范围

本预案适用于事关我省林业领域的新闻报道或信息在互联网上出现后,所引发的网络传播、网络评论和后续报道,造成或有可能造成负面影响并引发网络舆情的应对处置工作。

二、工作原则

(一)统一领导,明确责任。成立领导小组和工作组统筹领导、组织、协

调涉林网络舆情应对处置工作。按照属地管理、分级负责，谁主管、谁负责的原则，积极处置突发网络舆情。

(二)服务大局，防止危机。立足于服务保障林业改革发展稳定、服务保障重大活动的需要，进一步强化政治意识、大局意识和责任意识，正面引导，建设网络良好生态。

(三)快速反应，协同应对。舆情处置涉及的基层林业部门和厅有关处室(单位)上下沟通，密切配合，团结协作，及时收集网络舆情信息，准确分析研判，第一时间采取应对措施，合力处置舆情，将影响和危害控制在最小范围。

(四)及时上报，听从指挥。发现舆情，及时报告；对涉及重大影响的网络舆情，按照应急管理有关规定上报省网信办，听从指挥、统一处置。

三、组织体系

(一)领导小组。在省林业厅信息化建设领导小组的统一领导下，设立网络舆情处置工作组，负责网络舆情应对处置的组织协调工作。

(二)主要职责。在工作组领导下，由厅办公室牵头，信息中心为主，各处室、单位配合，网评员参与，做好涉林网络舆情的监测、研判、应对、应急处置等工作。

四、处置程序

(一)舆情分级

将涉林网络舆情分为一般(Ⅲ级)、较大(Ⅱ级)、重大(Ⅰ级)三个级别。

1. 重大舆情(Ⅰ级)：表现为事件即将或已经被全国性门户网站首页或主要新闻媒体采录，在主要网络论坛被持续关注，被国外主要媒体重点炒作，可能引发更广泛的社会影响；省级以上领导作出批示、提出明确要求的。

2. 较大舆情(Ⅱ级)：表现为事件被省级以上门户网站或新闻媒体采录，在当地或全国性网络论坛中不间断有人跟帖的；在事发当地造成广泛社会影响的；并有可能被覆盖面更广的媒体所关注和传播的。

3. 一般舆情(Ⅲ级)：表现为事件在厅门户网站、微博、微信、微视宣传平台或其他网络载体发现，未被社会舆论广泛关注或者关注度不高，但有扩大发展趋势的。

(二)监测预警

厅办公室负责全省林业网评员队伍的管理和任务分配，省林业信息中心负责涉林网络舆情的日常监测和报告；各级林业部门、厅机关各处室(单位)对本地、本部门工作领域的网络舆情加强监控。发现有较大影响的网络舆情，第一时间按照应急管理有关规定进行逐级报告或双重报告。

（三）分类处置

在严格执行保密法律法规、新闻宣传纪律等规定的基础上，对突发网络舆情进行分类处置。由网络舆情处置工作组负责对掌握的网络舆情进行等级研判，实行分级组织协调，及时启动相应的处置预案。

1. 一级响应。发生重大舆情（Ⅰ级）的，由网络舆情处置工作组第一时间报告领导小组，研究提出处置方案，由主要领导组织指挥应急处置工作。同时，上报省网信办请求协助处置舆情。发生重大舆情的，涉事主体要实施24小时网络舆情监测。

2. 二级响应。发生较大舆情（Ⅱ级）的，由网络舆情处置工作组提出舆情处置方案，报分管厅领导签批处置意见，指定成立专门调查组或指定处室（单位）进行调查分析，协调宣传、职能处室等部门研究处置对策，责成舆情涉及的属地市县级林业部门积极开展应对。

3. 三级响应。发生一般舆情（Ⅲ级）的，由网络舆情处置工作组确定相关处室（单位）处置。一般舆情发生或者即将发生重大变化的，相关处室（单位）应及时报告网络舆情处置工作组。

启动一、二级预案的，组织网评员积极介入舆情处置工作，有针对性地正面引导网上舆论，防止事态进一步扩大。

（四）信息发布

按规定需要由省林业厅发布信息的，由突发网络舆情涉及的业务室负责起草文稿，经分管业务及宣传工作的厅领导审核后，由网络舆情处置工作组协调主流新闻媒体、网站等宣传载体快速发布权威信息。

（五）动态跟踪

突发网络舆情涉及的业务处室根据舆情信息发展规律，在负面舆情趋于平稳后，需继续做好舆情后续监测和报告工作，密切关注舆情发展动向，防止舆情进一步演变或恶化。

五、应急保障

（一）加强组织领导。厅机关各处室（单位）要深刻认识妥善处置突发网络涉林舆情的重要意义和积极作用，高度重视突发网络舆情应急处置工作，确定分管领导，明确职责，积极应对发生的网络舆情。

（二）完善工作制度。厅机关各处室（单位）根据实际，进一步健全网络舆情监管和防范机制，营造好的舆情处置工作环境，培养和关心所在部门（单位）网评员，并选配讲政治、守纪律、懂网络、负责任的干部充实到省林业网评员队伍中。

（三）建立工作责任制。厅机关各处室（单位）要及时准确、客观全面报告突发网络舆情并积极进行处置。对迟报、谎报、瞒报、漏报舆情重要信息，造成处置不当和不良影响的，应追究相关处室和有关责任人的责任。

本预案自下发之日起实施。

第三节　用户与人员要求

一、互联网跟帖评论服务管理规定

中央网信办于 2017 年 8 月 25 日发布《互联网跟帖评论服务管理规定》，具体内容详见专栏。

互联网跟帖评论服务管理规定

第一条 为规范互联网跟帖评论服务，维护国家安全和公共利益，保护公民、法人和其他组织的合法权益，根据《中华人民共和国网络安全法》《国务院关于授权国家互联网信息办公室负责互联网信息内容管理工作的通知》，制定本规定。

第二条 在中华人民共和国境内提供跟帖评论服务，应当遵守本规定。

本规定所称跟帖评论服务，是指互联网站、应用程序、互动传播平台以及其他具有新闻舆论属性和社会动员功能的传播平台，以发帖、回复、留言、"弹幕"等方式，为用户提供发表文字、符号、表情、图片、音视频等信息的服务。

第三条 国家互联网信息办公室负责全国跟帖评论服务的监督管理执法工作。地方互联网信息办公室依据职责负责本行政区域的跟帖评论服务的监督管理执法工作。

各级互联网信息办公室应当建立健全日常检查和定期检查相结合的监督管理制度，依法规范各类传播平台的跟帖评论服务行为。

第四条 跟帖评论服务提供者提供互联网新闻信息服务相关的跟帖评论新产品、新应用、新功能的，应当报国家或者省、自治区、直辖市互联网信息办公室进行安全评估。

第五条 跟帖评论服务提供者应当严格落实主体责任，依法履行以下义务：

（一）按照"后台实名、前台自愿"原则，对注册用户进行真实身份信息认证，不得向未认证真实身份信息的用户提供跟帖评论服务。

（二）建立健全用户信息保护制度，收集、使用用户个人信息应当遵循合法、正当、必要的原则，公开收集、使用规则，明示收集、使用信息的目的、方式和范围，并经被收集者同意。

（三）对新闻信息提供跟帖评论服务的，应当建立先审后发制度。

（四）提供"弹幕"方式跟帖评论服务的，应当在同一平台和页面同时提供与之对应的静态版信息内容。

（五）建立健全跟帖评论审核管理、实时巡查、应急处置等信息安全管理制度，及时发现和处置违法信息，并向有关主管部门报告。

（六）开发跟帖评论信息安全保护和管理技术，创新跟帖评论管理方式，研发使用反垃圾信息管理系统，提升垃圾信息处置能力；及时发现跟帖评论服务存在的安全缺陷、漏洞等风险，采取补救措施，并向有关主管部门报告。

（七）配备与服务规模相适应的审核编辑队伍，提高审核编辑人员专业素养。

（八）配合有关主管部门依法开展监督检查工作，提供必要的技术、资料和数据支持。

第六条　跟帖评论服务提供者应当与注册用户签订服务协议，明确跟帖评论的服务与管理细则，履行互联网相关法律法规告知义务，有针对性地开展文明上网教育。

跟帖评论服务使用者应当严格自律，承诺遵守法律法规、尊重公序良俗，不得发布法律法规和国家有关规定禁止的信息内容。

第七条　跟帖评论服务提供者及其从业人员不得为谋取不正当利益或基于错误价值取向，采取有选择地删除、推荐跟帖评论等方式干预舆论。

跟帖评论服务提供者和用户不得利用软件、雇佣商业机构及人员等方式散布信息，干扰跟帖评论正常秩序，误导公众舆论。

第八条　跟帖评论服务提供者对发布违反法律法规和国家有关规定的信息内容的，应当及时采取警示、拒绝发布、删除信息、限制功能、暂停更新直至关闭账号等措施，并保存相关记录。

第九条　跟帖评论服务提供者应当建立用户分级管理制度，对用户的跟帖评论行为开展信用评估，根据信用等级确定服务范围及功能，对严重失信的用户应列入黑名单，停止对列入黑名单的用户提供服务，并禁止其通过重新注册等方式使用跟帖评论服务。

国家和省、自治区、直辖市互联网信息办公室应当建立跟帖评论服务提供者的信用档案和失信黑名单管理制度，并定期对跟帖评论服务提供者进行信用评估。

第十条 跟帖评论服务提供者应当建立健全违法信息公众投诉举报制度，设置便捷投诉举报入口，及时受理和处置公众投诉举报。国家和地方互联网信息办公室依据职责，对举报受理落实情况进行监督检查。

第十一条 跟帖评论服务提供者信息安全管理责任落实不到位，存在较大安全风险或者发生安全事件的，国家和省、自治区、直辖市互联网信息办公室应当及时约谈；跟帖管理服务提供者应当按照要求采取措施，进行整改，消除隐患。

第十二条 互联网跟帖评论服务提供者违反本规定的，由有关部门依照相关法律法规处理。

第十三条 本规定自 2017 年 10 月 1 日起施行。

二、互联网论坛社区服务管理规定

中央网信办于 2017 年 8 月 25 日发布《互联网论坛社区服务管理规定》，具体内容详见专栏。

◎ 专 栏 ◎

互联网论坛社区服务管理规定

第一条 为规范互联网论坛社区服务，促进互联网论坛社区行业健康有序发展，保护公民、法人和其他组织的合法权益，维护国家安全和公共利益，根据《中华人民共和国网络安全法》《国务院关于授权国家互联网信息办公室负责互联网信息内容管理工作的通知》，制定本规定。

第二条 在中华人民共和国境内从事互联网论坛社区服务，适用本规定。

本规定所称互联网论坛社区服务，是指在互联网上以论坛、贴吧、社区等形式，为用户提供互动式信息发布社区平台的服务。

第三条 国家互联网信息办公室负责全国互联网论坛社区服务的监督管理执法工作。地方互联网信息办公室依据职责负责本行政区域内互联网论坛社区服务的监督管理执法工作。

第四条 鼓励互联网论坛社区服务行业组织建立健全行业自律制度和行业准则，指导互联网论坛社区服务提供者建立健全服务规范，督促互联网论坛社区服务提供者依法提供服务、接受社会监督，提高互联网论坛社区服务从业人员的职业素养。

第五条 互联网论坛社区服务提供者应当落实主体责任，建立健全信息审核、公共信息实时巡查、应急处置及个人信息保护等信息安全管理制度，具有安全可控的防范措施，配备与服务规模相适应的专业人员，为有关部门依法履行职责提供必要的技术支持。

第六条 互联网论坛社区服务提供者不得利用互联网论坛社区服务发布、传播法律法规和国家有关规定禁止的信息。

互联网论坛社区服务提供者应当与用户签订协议，明确用户不得利用互联网论坛社区服务发布、传播法律法规和国家有关规定禁止的信息，情节严重的，服务提供者将封禁或者关闭有关账号、版块；明确论坛社区版块发起者、管理者应当履行与其权利相适应的义务，对违反法律规定和协议约定、履行责任义务不到位的，服务提供者应当依法依约限制或取消其管理权限，直至封禁或者关闭有关账号、版块。

第七条 互联网论坛社区服务提供者应当加强对其用户发布信息的管理，发现含有法律法规和国家有关规定禁止的信息的，应当立即停止传输该信息，采取消除等处置措施，保存有关记录，并及时向国家或者地方互联网信息办公室报告。

第八条 互联网论坛社区服务提供者应当按照"后台实名、前台自愿"的原则，要求用户通过真实身份信息认证后注册账号，并对版块发起者和管理者实施真实身份信息备案、定期核验等。用户不提供真实身份信息的，互联网论坛社区服务提供者不得为其提供信息发布服务。

互联网论坛社区服务提供者应当加强对注册用户虚拟身份信息、版块名称简介等的审核管理，不得出现法律法规和国家有关规定禁止的内容。

互联网论坛社区服务提供者应当保护用户身份信息，不得泄露、篡改、毁损，不得非法出售或者非法向他人提供。

第九条 互联网论坛社区服务提供者及其从业人员，不得通过发布、转载、删除信息或者干预呈现结果等手段，谋取不正当利益。

第十条 互联网论坛社区服务提供者开展经营和服务活动，必须遵守法律法规，尊重社会公德，遵守商业道德，诚实信用，承担社会责任。

第十一条 互联网论坛社区服务提供者应当建立健全公众投诉、举报制度，在显著位置公布投诉、举报方式，主动接受公众监督，及时处理公众投诉、举报。国家和地方互联网信息办公室依据职责，对举报受理落实情况进行监督检查。

第十二条 互联网论坛社区服务提供者违反本规定的，由有关部门依照相关法律法规处理。

第十三条 本规定自 2017 年 10 月 1 日起施行。

三、互联网群组信息服务管理规定

中央网信办于 2017 年 9 月 7 日发布《互联网群组信息服务管理规定》，具体内容详见专栏。

 **专栏**

互联网群组信息服务管理规定

第一条 为规范互联网群组信息服务，维护国家安全和公共利益，保护公民、法人和其他组织的合法权益，根据《中华人民共和国网络安全法》《国务院关于授权国家互联网信息办公室负责互联网信息内容管理工作的通知》，制定本规定。

第二条 在中华人民共和国境内提供、使用互联网群组信息服务，应当遵守本规定。

本规定所称互联网群组，是指互联网用户通过互联网站、移动互联网应用程序等建立的，用于群体在线交流信息的网络空间。本规定所称互联网群组信息服务提供者，是指提供互联网群组信息服务的平台。本规定所称互联网群组信息服务使用者，包括群组建立者、管理者和成员。

第三条 国家互联网信息办公室负责全国互联网群组信息服务的监督管理执法工作。地方互联网信息办公室依据职责负责本行政区域内的互联网群组信息服务的监督管理执法工作。

第四条 互联网群组信息服务提供者和使用者，应当坚持正确导向，弘扬社会主义核心价值观，培育积极健康的网络文化，维护良好网络生态。

第五条 互联网群组信息服务提供者应当落实信息内容安全管理主体责任，配备与服务规模相适应的专业人员和技术能力，建立健全用户注册、信息审核、应急处置、安全防护等管理制度。

互联网群组信息服务提供者应当制定并公开管理规则和平台公约，与使用者签订服务协议，明确双方权利义务。

第六条 互联网群组信息服务提供者应当按照"后台实名、前台自愿"的原则，对互联网群组信息服务使用者进行真实身份信息认证，用户不提供真实身份信息的，不得为其提供信息发布服务。

互联网群组信息服务提供者应当采取必要措施保护使用者个人信息安全，不得泄露、篡改、毁损，不得非法出售或者非法向他人提供。

第七条 互联网群组信息服务提供者应当根据互联网群组的性质类别、

成员规模、活跃程度等实行分级分类管理，制定具体管理制度并向国家或省、自治区、直辖市互联网信息办公室备案，依法规范群组信息传播秩序。

互联网群组信息服务提供者应当建立互联网群组信息服务使用者信用等级管理体系，根据信用等级提供相应服务。

第八条 互联网群组信息服务提供者应当根据自身服务规模和管理能力，合理设定群组成员人数和个人建立群数、参加群数上限。

互联网群组信息服务提供者应设置和显示唯一群组识别编码，对成员达到一定规模的群组要设置群信息页面，注明群组名称、人数、类别等基本信息。

互联网群组信息服务提供者应根据群组规模类别，分级审核群组建立者真实身份、信用等级等建群资质，完善建群、入群等审核验证功能，并标注群组建立者、管理者及成员群内身份信息。

第九条 互联网群组建立者、管理者应当履行群组管理责任，依据法律法规、用户协议和平台公约，规范群组网络行为和信息发布，构建文明有序的网络群体空间。

互联网群组成员在参与群组信息交流时，应当遵守法律法规，文明互动、理性表达。

互联网群组信息服务提供者应为群组建立者、管理者进行群组管理提供必要功能权限。

第十条 互联网群组信息服务提供者和使用者不得利用互联网群组传播法律法规和国家有关规定禁止的信息内容。

第十一条 互联网群组信息服务提供者应当对违反法律法规和国家有关规定的互联网群组，依法依约采取警示整改、暂停发布、关闭群组等处置措施，保存有关记录，并向有关主管部门报告。

互联网群组信息服务提供者应当对违反法律法规和国家有关规定的群组建立者、管理者等使用者，依法依约采取降低信用等级、暂停管理权限、取消建群资格等管理措施，保存有关记录，并向有关主管部门报告。

互联网群组信息服务提供者应当建立黑名单管理制度，对违法违约情节严重的群组及建立者、管理者和成员纳入黑名单，限制群组服务功能，保存有关记录，并向有关主管部门报告。

第十二条 互联网群组信息服务提供者和使用者应当接受社会公众和行业组织的监督，建立健全投诉举报渠道，设置便捷举报入口，及时处理投诉举报。国家和地方互联网信息办公室依据职责，对举报受理落实情况进行监督检查。

鼓励互联网行业组织指导推动互联网群组信息服务提供者制定行业公约，加强行业自律，履行社会责任。

第十三条 互联网群组信息服务提供者应当配合有关主管部门依法进行的监督检查，并提供必要的技术支持和协助。

互联网群组信息服务提供者应当按规定留存网络日志不少于六个月。

第十四条 互联网群组信息服务提供者和使用者违反本规定的，由有关部门依照相关法律法规处理。

第十五条 本规定自 2017 年 10 月 8 日起施行。

四、互联网用户公众账号信息服务管理规定

中央网信办于 2017 年 9 月 7 日发布《互联网用户公众账号信息服务管理规定》，具体内容详见专栏。

 专 栏

互联网用户公众账号信息服务管理规定

第一条 为规范互联网用户公众账号信息服务，维护国家安全和公共利益，保护公民、法人和其他组织的合法权益，根据《中华人民共和国网络安全法》《国务院关于授权国家互联网信息办公室负责互联网信息内容管理工作的通知》，制定本规定。

第二条 在中华人民共和国境内提供、使用互联网用户公众账号从事信息发布服务，应当遵守本规定。

本规定所称互联网用户公众账号信息服务，是指通过互联网站、应用程序等网络平台以注册用户公众账号形式，向社会公众发布文字、图片、音视频等信息的服务。

本规定所称互联网用户公众账号信息服务提供者，是指提供互联网用户公众账号注册使用服务的网络平台。本规定所称互联网用户公众账号信息服务使用者，是指注册使用或运营互联网用户公众账号提供信息发布服务的机构或个人。

第三条 国家互联网信息办公室负责全国互联网用户公众账号信息服务的监督管理执法工作，地方互联网信息办公室依据职责负责本行政区域内的互联网用户公众账号信息服务的监督管理执法工作。

第四条 互联网用户公众账号信息服务提供者和使用者，应当坚持正确导向，弘扬社会主义核心价值观，培育积极健康的网络文化，维护良好网络

生态。

鼓励各级党政机关、企事业单位和人民团体注册使用互联网用户公众账号发布政务信息或公共服务信息，服务经济社会发展，满足公众信息需求。

互联网用户公众账号信息服务提供者应当配合党政机关、企事业单位和人民团体提升政务信息发布和公共服务水平，提供必要的技术支撑和信息安全保障。

第五条 互联网用户公众账号信息服务提供者应当落实信息内容安全管理主体责任，配备与服务规模相适应的专业人员和技术能力，设立总编辑等信息内容安全负责人岗位，建立健全用户注册、信息审核、应急处置、安全防护等管理制度。

互联网用户公众账号信息服务提供者应当制定和公开管理规则和平台公约，与使用者签订服务协议，明确双方权利义务。

第六条 互联网用户公众账号信息服务提供者应当按照"后台实名、前台自愿"的原则，对使用者进行基于组织机构代码、身份证件号码、移动电话号码等真实身份信息认证。使用者不提供真实身份信息的，不得为其提供信息发布服务。

互联网用户公众账号信息服务提供者应当建立互联网用户公众账号信息服务使用者信用等级管理体系，根据信用等级提供相应服务。

第七条 互联网用户公众账号信息服务提供者应当对使用者的账号信息、服务资质、服务范围等信息进行审核，分类加注标识，并向所在地省、自治区、直辖市互联网信息办公室分类备案。

互联网用户公众账号信息服务提供者应当根据用户公众账号的注册主体、发布内容、账号订阅数、文章阅读量等建立数据库，对互联网用户公众账号实行分级分类管理，制定具体管理制度并向国家或省、自治区、直辖市互联网信息办公室备案。

互联网用户公众账号信息服务提供者应当对同一主体在同一平台注册公众账号的数量合理设定上限；对同一主体在同一平台注册多个账号，或以集团、公司、联盟等形式运营多个账号的使用者，应要求其提供注册主体、业务范围、账号清单等基本信息，并向所在地省、自治区、直辖市互联网信息办公室备案。

第八条 依法取得互联网新闻信息采编发布资质的互联网新闻信息服务提供者，可以通过开设的用户公众账号采编发布新闻信息。

第九条 互联网用户公众账号信息服务提供者应当采取必要措施保护使用者个人信息安全，不得泄露、篡改、毁损，不得非法出售或者非法向他人提供使用者信息。

互联网用户公众账号信息服务提供者在使用者终止使用服务后，应当为其提供注销账号的服务。

第十条 互联网用户公众账号信息服务使用者应当履行信息发布和运营安全管理责任，遵守新闻信息管理、知识产权保护、网络安全保护等法律法规和国家有关规定，维护网络传播秩序。

第十一条 互联网用户公众账号信息服务使用者不得通过公众账号发布法律法规和国家有关规定禁止的信息内容。

互联网用户公众账号信息服务提供者应加强对本平台公众账号的监测管理，发现有发布、传播违法信息的，应当立即采取消除等处置措施，防止传播扩散，保存有关记录，并向有关主管部门报告。

第十二条 互联网用户公众账号信息服务提供者开发公众账号留言、跟帖、评论等互动功能，应当按有关规定进行安全评估。

互联网用户公众账号信息服务提供者应当按照分级分类管理原则，对使用者开设的用户公众账号的留言、跟帖、评论等进行监督管理，并向使用者提供管理权限，为其对互动环节实施管理提供支持。

互联网用户公众账号信息服务使用者应当对用户公众账号留言、跟帖、评论等互动环节进行实时管理。对管理不力、出现法律法规和国家有关规定禁止的信息内容的，互联网用户公众账号信息服务提供者应当依据用户协议限制或取消其留言、跟帖、评论等互动功能。

第十三条 互联网用户公众账号信息服务提供者应当对违反法律法规、服务协议和平台公约的互联网用户公众账号，依法依约采取警示整改、限制功能、暂停更新、关闭账号等处置措施，保存有关记录，并向有关主管部门报告。

互联网用户公众账号信息服务提供者应当建立黑名单管理制度，对违法违约情节严重的公众账号及注册主体纳入黑名单，视情采取关闭账号、禁止重新注册等措施，保存有关记录，并向有关主管部门报告。

第十四条 鼓励互联网行业组织指导推动互联网用户公众账号信息服务提供者、使用者制定行业公约，加强行业自律，履行社会责任。

鼓励互联网行业组织建立多方参与的权威专业调解机制，协调解决行业纠纷。

第十五条 互联网用户公众账号信息服务提供者和使用者应当接受社会公众、行业组织监督。

互联网用户公众账号信息服务提供者应当设置便捷举报入口，健全投诉举报渠道，完善恶意举报甄别、举报受理反馈等机制，及时公正处理投诉举报。国家和地方互联网信息办公室依据职责，对举报受理落实情况进行监督检查。

第十六条　互联网用户公众账号信息服务提供者和使用者应当配合有关主管部门依法进行的监督检查，并提供必要的技术支持和协助。

互联网用户公众账号信息服务提供者应当记录互联网用户公众账号信息服务使用者发布内容和日志信息，并按规定留存不少于六个月。

第十七条　互联网用户公众账号信息服务提供者和使用者违反本规定的，由有关部门依照相关法律法规处理。

第十八条　本规定自 2017 年 10 月 8 日起施行。

五、国家林业局计算机网络信息安全与保密须知

国家林业局于 2013 年 1 月发布《国家林业局计算机网络信息安全与保密须知》，具体内容详见专栏。

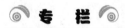

国家林业局计算机网络信息安全与保密须知

一、必须指定固定的台式计算机、涉密打印机，专门用于处理、存储、打印涉密文件，并明确专人管理。

二、涉密计算机、涉密打印机机身必须张贴由局保密办统一印制的"涉密计算机""涉密打印机"标识。

三、涉密计算机、涉密打印机必须通过保密插座与电源连通，不得以任何方式与国家林业局办公网（内网）、中国林业网（外网）、互联网相连接。

四、涉密文件的传递，只能借助于纸质载体或用于专门存储涉密文件信息的移动磁介质来进行。磁介质管理方法等同于同密级纸质文件。需销毁的磁介质，必须送交局保密办统一处理。

五、对涉密计算机、涉密打印机进行维修时，负责对其进行专门管理的工作人员必须进行现场监督，以免泄密。如需搬离现场维修，必须提前将硬盘取出，不得随机带离原存放地。

六、对涉密计算机进行淘汰处理时，必须提前报告局保密办，由其组织力量进行相应技术处理。

对于违反上述规定，造成计算机信息泄密事件的，将追究当事人和有关领导的责任。

六、浙江省林业厅信息系统用户管理制度

浙江省林业厅于 2017 年 1 月 17 日印发《浙江省林业厅信息系统用户管理制度》，具体内容详见专栏。

 专 栏

浙江省林业厅信息系统用户管理制度

第一章 总则

第一条 本制度适用于浙江省林业厅所属信息系统用户的管理，包括：岗位配置原则、人员管理、授权管理、安全培训教育、第三方人员管理。

第二条 本制度中涉及的保密内容统一由厅办公室负责管理。

第二章 岗位配置原则

第三条 根据信息系统功能要求，信息系统建设单位应结合实际情况配备管理人员。权限、职能不同的角色必须分离，避免权责不清、责任不明。

第四条 为确保信息安全工作的顺利开展，保障信息系统的正常运行，信息系统须设置安全管理员、系统管理员、网络管理员并明确其工作职责。厅机关各处室、直属各单位中整合在全省林业业务系统及数据整合平台上的信息系统，由浙江省林业信息中心(以下简称信息中心)安排安全管理员、网络管理员进行统一管理。其余自建信息系统，由信息系统建设单位分别设置安全管理员、网络管理员并明确其工作职责。

第五条 重要岗位实施 AB 岗，在合理设置工作岗位、完善工作职责的基础上，在相近岗位之间，实行顶岗或互为备岗制，以便能及时处理紧急任务。

第三章 人员管理

第六条 所有信息系统的安全管理员、系统管理员、网络管理员(以下统称信息系统管理人员)均要签署保密协议。

第七条 信息系统管理人员调离时，必须更换或收回之前发放的身份证件、钥匙、单位提供的软硬件设备及文档资料等资产，并办理详尽的交接手续。同时，必须终止其所有的访问权限，涉及相关信息系统账号、口令时，先采取更换密码或冻结账号的措施，避免直接删除账号。

第八条 信息系统管理人员调(离)岗时必须签署保密责任(承诺)书，承诺在调(离)岗后履行相关的保密责任和义务。

第九条 信息系统建设单位对未办理正常交接手续离岗的人员，应及时进行信息安全风险评估并由专人跟进处理，保证信息系统的安全和业务连续性。

第四章 授权管理

第十条 权限的分级应遵循以下原则：

1. 符合业务安全需求。

2. 遵循最小权限原则，系统管理员默认账户设置为无权限。

3. 系统管理员分配超级权限，一般用户则分配普通权限，管理员权限不覆盖一般用户权限，不参与业务流程，形成相互制约关系。

第十一条 所有账号注册都必须通过申请才能开放。申请人提出权限申请，提交《用户权限审批和修改表》给信息系统建设单位审批，审批同意后才能开通相应的权限。每个用户必须被分配唯一的账号，账号名不能透露用户的权限信息，不允许共享账号。

第十二条 浙江省林业厅工作人员调职、离职时，需提交《用户权限审批和修改表》，由各信息系统建设单位审批，该员工的所有账号必须在最后上班日之前注销或修改。当注销账号时，必须确保已取消其相关的系统权限。

第十三条 信息系统建设单位需定期对重要系统特权用户及权限、各系统的普通用户及权限进行审计(主要审计权限与岗位是否匹配、权限的分配、变更升级、注销记录是否完整)。

第五章 安全培训教育

第十四条 信息系统管理人员必须清楚自己的安全职责，了解各自的工作职能范围和责任义务。

第十五条 信息中心根据网络与信息安全要求制定安全教育和培训计划，定期组织安全教育和培训。记录培训具体内容和培训结果以及参加培训人员，在培训结束后把培训相关记录材料整理归档。

第十六条 信息系统管理人员要积极参与单位组织的内、外部信息安全交流和培训，提升信息安全意识和专业水平。信息系统建设单位定期对各岗位人员进行全面、严格的安全审核和安全理论知识、技能的考核。

第六章 第三方人员管理

第十七条 浙江省林业厅聘请信息安全专家，指导信息安全建设，参与安全规划和安全评审。

第十八条 为加强与信息安全公司、服务供应商、信息化专家、安全组织的沟通与合作或应急响应，信息系统建设单位应建立详细的外联单位联系表(内容至少包括外联单位的名称、联系人、地址、联系方式等),并报信息中心统一汇总。

第十九条 在合同和保密协议中明确第三方人员的安全责任、必须遵守的安全要求以及违反要求的处罚等条款,对其允许访问的区域、系统、设备、信息等内容应有明确的规定;第三方人员对敏感信息资产进行访问前,必须签订正式的合同及保密协议。

第二十条 需要访问信息系统的第三方人员必须得到信息系统建设单位负责人的书面许可、授权,其访问权限必须得到严格的限制。

第二十一条 第三方因技术支持对信息系统进行操作,信息系统建设单位应登记开通的临时账号、密码、操作内容,并在操作结束后立即删除信息系统中第三方账号信息。

第二十二条 信息中心在第三方人员进入机房访问信息系统之前,要严格鉴定访问者的身份,确保访问者为已授权人员,信息系统建设单位人员与信息中心运维人员全程陪同以降低风险。

第二十三条 信息系统建设单位应选择具有公安部门、保密部门、密码管理部门资质认证的信息安全服务公司进行信息安全合作,保障系统安全。

第七章 附则

第二十四条 本制度相关安全内容由信息中心负责解释,相关保密内容由厅办公室负责解释。

第二十五条 本制度自发布之日起生效执行。

附件:

1. 安全保密责任书(在岗人员)
2. 保密承诺书(离岗人员)
3. 安全管理员责任书
4. 系统管理员责任书
5. 网络管理员责任书
6. 用户权限审批和修改

附件1

安全保密责任书
(在岗人员)

为做好本单位的保密工作,确保单位敏感信息和国家秘密的安全,特制定本保密责任书。

一、个人信息提供

本人保证,涉密资格审查时提供的所有个人信息都是真实的,没有任何虚假、伪造或隐瞒。

二、岗位职责

(一)认真学习、掌握并严格执行保密法律、法规、规章和本单位的保密规定。

(二)依法确定、使用和管理单位敏感信息、国家秘密及其载体,确保单位敏感信息和国家秘密的绝对安全。

(三)负责所在涉密场所保密安全防范措施的执行并确保落实。

(四)严格按照保密工作部门有关手机使用保密管理规定的要求使用和管理手机。

三、行为规范

本人保证,不做出下列行为:

(一)向知悉范围以外的人员泄露单位敏感信息和国家秘密。

(二)违规记录、存储、复制、携带单位敏感信息或国家秘密,违规持有单位敏感信息或国家秘密载体。

(三)未经单位审查批准,擅自发表涉及未公开工作内容的文章、著述。

(四)擅自移交信息系统敏感资料或透露信息系统相关敏感信息。

(五)发生泄密后隐瞒事实或不及时报告。

(六)其他违反保密规定的行为。

四、报告事项

遇有下列情形之一的,本人保证主动、及时向本单位保密工作责任人报告:

(一)发生或发现泄密。

(二)拟辞职脱离本岗位。

(三)其他可能影响履行保密职责的重大事项。

五、保密监督

自觉接受保密监督、检查、管理和考核,配合做好相关工作,履行岗位保密职责。

六、离岗要求

本人离岗脱密期确定为_____。如离岗应签署《保密承诺书》,并保证严格执行脱密期规定及限制。

七、法律责任

如果本人未能履行保密义务和职责,违反保密规定,致使本岗位存在重大泄密隐患或发生泄密,本人将按照有关规定承担相应的党纪、政纪责任;情节严重的,承担相应的刑事责任。

八、享有权利

(一)拒绝执行违反保密规定的指示、指令和要求。

(二)制止违反保密规定的行为。

(三)举报、控告泄密行为。

(四)对本岗位的保密工作提出建议。

(五)保密法律、法规、规章规定的其他权利。

本保密责任书自双方签字之日起生效,至离岗之日止。

本保密责任书一式四份,厅办公室、信息中心、信息系统建设单位和责任人各留存一份。

上述所有条款本人已仔细阅读,明白无误,无任何异议。

保密责任人(签名):

年　　　月　　　日

附件2

保密承诺书

(离岗人员)

本人了解有关保法规制度,知悉应当承担的保密义务和法律责任,在此庄重承诺:

一、严格遵守国家保密法律法规和浙江省林业厅保密规章制度,履行保密义务。

二、本人保证,在脱密期间及以后,除非得到合法授权或批准,永不泄露所知悉的单位敏感信息和国家秘密。

三、本人已履行了工作交接手续,保证没有私自留存任何单位敏感信息或国家秘密及其载体。

四、未经原单位审查批准,不擅自发表涉及原单位未公开工作内容的文章、著述。

五、自愿接受脱密期管理,自＿＿＿年＿＿＿月＿＿＿日至＿＿＿年＿＿＿月＿＿＿日服从有关部门的保密监督。

六、自愿如实提供联系方式、联系电话、常住地址。如有变动及时告知原单位。

七、违反上述承诺,自愿承担党纪、政纪和法律后果。本离岗保密承诺书一式四份,厅办公室、信息中心、信息系统建设单位和承诺人各留存一份,自签字之日起生效。

上述所有条款本人已仔细阅读,明白无误,无任何异议。

承诺人(签名):

年　　　月　　　日

附件3

安全管理员责任书

为了进一步落实网络安全和信息安全管理责任，确保网络安全和信息安全，安全管理员应落实如下责任：

1. 负责对安全产品购置提供建议，负责组织制定各种安全策略与配置规则，负责跟踪安全产品投产后的使用情况。

2. 负责指导并监督各安全岗位工作人员及普通用户的安全相关工作。

3. 负责组织信息系统的安全风险评估工作，并定期进行系统漏洞扫描，形成安全评估报告。

4. 根据信息安全需求，定期提出信息安全改进意见，并上报主管领导。

5. 定期查看信息安全站点的安全公告，跟踪和研究各种信息安全漏洞和攻击手段，在发现可能影响信息安全的安全漏洞和攻击手段时，及时作出相应的对策，通知并指导系统管理员进行安全防范。

6. 组织审议各项安全方案、安全审计报告、应急计划以及整体安全管理制度，并报主管领导审核。

7. 若由于安全管理员工作疏忽或失误而导致安全事故发生，安全管理员应承担相应责任。

本《责任书》自签约之日起生效。

责任人(签章)：

年　　　月　　　日

附件4

系统管理员责任书

为进一步落实主机安全和系统安全管理责任，确保主机安全和系统安全，系统管理员应落实如下责任：

1. 负责主机操作系统的安全配置和日常审计，系统应用软件的安装，从系统层面实现对用户与资源的访问控制。

2. 协助安全管理员制定主机操作系统的安全配置规则，并落实执行。

3. 负责主机设备的日常管理与维护，保持系统处于良好的运行状态。

4. 在主机系统异常或故障发生时，详细记载发生异常时的现象、时间和处理方式，并及时上报。

5. 编制主机设备的维修、报损、报废计划，报主管领导审核。

6. 若由于系统管理员工作疏忽或失误而导致安全事故发生，系统管理员应承担相应责任。

本《责任书》自签约之日起生效。

责任人（签章）：

年 月 日

附件 5

网络管理员责任书

为了进一步落实网络安全和信息安全管理责任，确保网络安全和信息安全，网络管理员应落实如下责任：

1. 负责网络的部署以及网络产品、相关安全产品的配置、管理与监控，并对关键网络配置文件进行备份，及时修补网络设备的漏洞。

2. 协助安全管理员制定网络设备安全配置规则，并落实执行。

3. 为安全管理员提供完整、准确的重要网络设备和网站运行活动日志。

4. 在网络及设备异常或故障发生时，详细记载发生异常时的现象、时间和处理方式，并及时上报。

5. 编制网络设备的维修、报损、报废等计划，报主管领导审核。

6. 若由于网络管理员工作疏忽或失误而导致安全事故发生，网络管理员应承担相应责任。

本《责任书》自签约之日起生效。

责任人（签章）：

年 月 日

附录 6

用户权限审批和修改表

申请联系人信息	姓名		单位/部门			
	岗位		联系电话			
涉及权限变更人员信息	姓名	部门/岗位		联系电话	需要变更的系统	备注

（续）

变更原因	
用户访问权限 变更描述	
信息系统 建设单位 审核意见	签名：
系统管理员	签名：
备注：	

七、关于规范党员干部网络行为的意见

中共中央宣传部、中共中央组织部、中央网信办于 2017 年 8 月 1 日联合印发《关于规范党员干部网络行为的意见》的通知，具体内容详见专栏。

 专 栏

关于规范党员干部网络行为的意见

中宣发〔2017〕20 号

网络行为是党员干部言行的重要组成部分。党员干部要发挥模范带头作用，走好网上群众路线，规范网络行为，促进形成健康向上、风清气正的网络环境。

一、党员干部在网络上要严守政治纪律和政治规矩。必须牢固树立政治意识、大局意识、核心意识、看齐意识，坚决维护党中央权威，在思想上政治上行动上始终同以习近平同志为核心的党中央保持高度一致。严格遵守党规党纪，模范遵守国家法律法规，在网络行为中坚持正确政治方向，自觉宣传党的理论和路线方针政策，积极践行社会主义核心价值观，传播正能量、弘扬主旋律，共筑网上网下同心圆。

二、党员干部不准参与以下网络传播行为：发表违背党的基本路线，否定四项基本原则，歪曲党的政策，或者其他有严重政治问题的文章、演说、宣言、声明等；妄议中央大政方针，破坏党的集中统一；丑化党和国家形象，诋毁、诬蔑党和国家领导人，歪曲党史、国史、军史，抹黑革命先烈和英雄模范；制造、传播各类谣言特别是政治类谣言，散布所谓"内部"消息和小道消息；出版、购买、传播非法出版物；宣传封建迷信、淫秽色情；制作、传播其他有严重问题的文章、言论、音视频等信息内容。

三、党员干部不得参加以下网络活动：组织、参加反对党的理论和路线方针政策的网络论坛、群组、直播等活动；通过网络组党结社，参与和动员不法串联、联署、集会等网上非法组织、非法活动；参与网上宗教活动、邪教活动，纵容和支持宗教极端势力、民族分裂势力、暴力恐怖势力及其活动；利用网络泄露党和国家秘密；浏览、访问非法和反动网站等。

四、严格规范党员干部在网络平台以职务身份注册账号行为。党员干部以职务身份在微博、微信、网络直播、论坛社区等境内外网络平台上注册账号、建立群组的，应当向所在党组织报告。

五、党员干部应当履行举报监督的义务。发现网上违法违规违纪信息、活动的，及时主动向有关部门、网络平台等举报，积极提供线索，协助有关方面处置。

六、切实加强对党员干部网络行为的教育、引导和管理。各级党组织要认真贯彻落实《党委(党组)意识形态工作责任制实施办法》以及《党委(党组)网络意识形态工作责任制实施细则》。对在网络活动中以身作则、表现突出的党员干部，要充分肯定、热情鼓励；对坚持正确立场、传播正能量而遭到围攻的党员干部，要旗帜鲜明地给予保护和支持；对党员干部违反本意见规定的，要依据党纪和国家法规进行严肃查处。

八、网络安全管理员的职责

(1)网络安全管理员主要负责本单位管理区域内的网络畅通和网络安全。

(2)负责日常工作系统，邮件系统的安全补丁，漏洞检测及修补，病毒防治等工作，以保证良好的网络，设备运行环境。

（3）网络安全管理员应经常保持对最新技术的掌握，实时了解互联网的动向，做到预防为主，并且需要掌握主干设备的配置情况及配置参数变更情况，备份各个设备的配置文件；网络安全管理员还应该做到随着系统环境的变化、业务发展需要和操作用户的需求，动态调整系统配置参数，优化系统性能。

（4）确保各种网络应用服务运行的不间断性和工作性能的良好性，出现故障时应将故障造成的损失和影响控制在最小范围内。

（5）对各类软件系统的维护、增删、配置的更改，各类硬件设备添加、更换需要进行详细登记和记录，以便查询解决由这些软、硬件操作行为而引起的设备和网络故障。

（6）单位迁址时，应及时到当地电信部门办理广域网络端口迁址手续，以确保管区内网络系统运行稳定性和连续性。

（7）未经上级管理人员许可，当班人员不得在服务器上安装新软件，若确为需要安装，安装前必须进行病毒例行检测，并做好日志记录。

（8）加强对外来设备数据的安全检查，自带磁盘、光盘和优盘等设备在联网计算机上使用时，必须保证设备本身无病毒以及设备上的数据无病毒。

（9）经远程通信传送的程序或数据（如电子邮件），必须经过检测确认无病毒后方可使用。

（10）终端用户如发现计算机系统运行异常，及时与网络安全管理人员联系，非专业管理人员不得擅自拆开计算机调换设备配件。

（11）对于关键业务服务系统和实时性要求高的数据和信息，网络管理员应该建立存储备份系统，进行集中式的备份管理。

（12）对于严格的涉密计算机网络，要求在物理上与外部公共计算机网络绝对隔离，对安置涉密网络计算机和网络主干设备的房间要采取安全措施，管理和控制人员的进出，对涉密网络用户的工作情况要进行全面的管理和监控。

（13）终端用户不得擅自改动网络系统设施、IP 地址、网关、DNS、机器名等设置。

（14）计算机网络设备（包括电源等附加设备）应有明显的标志。任何人未经许可不得改动计算机网络的物理设备的物理位置（包括电源和连线）；不得以任何形式中止和干扰物理网络的正常运行（如切断电源供应、阻断电缆等行为）。

（15）宽带掉线处理方法：宽带掉线涉及多方面的问题，包括线路故障（线路干扰）、宽带 Modem 故障（发热、质量、兼容性）、网卡故障（速度慢、驱动程序陈旧)等。

日常操作人员应做以下常规检查：网络电话线接头是否稳妥可靠；是否远离电源线和大功率电子设备；网络入户线和分离器之间是否安装电话分机、传真机、计费器等设备；是否正确安装分离器；淘汰老式的 ISA 网卡，换成 10/100M 的 PCI 网卡及最新驱动程序；Modem 散热是否良好；Modem 指示灯状态是否正常。如果自行不能解决的，应及时通知网络管理人员，由网络管理人员协同电信运营商解决问题。

第四章 // 网络安全相关法律法规

网络安全事关国家安全和发展，事关广大人民群众切身利益。网络空间已经成为人类生产、生活的新空间，但网络空间并不是净土，网络攻击、网络诈骗等安全问题层出不穷，破坏了网络空间的正常秩序，损害了个人乃至国家的利益。同现实社会一样，网络空间也需要通过法律来规范个人和组织的行为，保障安全有序。自 2000 年以来，我国陆续发布了《全国人民代表大会常务委员会关于维护互联网安全的决定》《全国人民代表大会常务委员会关于加强网络信息保护的决定》等法律，同时在《中华人民共和国刑法》《中华人民共和国国家安全法》中都写入了网络安全相关内容，在维护网络安全方面发挥了重要作用。

党的十八大以来，中央对加强网络安全工作，作出了重要部署，十八届四中全会明确提出要完善网络安全保护方面的法律法规。《中华人民共和国网络安全法》在此背景下出台，涵盖了网络安全支持与促进、网络运行安全、网络信息安全、监测预警与应急处置、法律责任等内容，确立了保障网络安全的基本制度框架，明确了个人、组织在网络安全方面的责任义务，明确了对网络安全的监督管理及责任部门，解决了一些长期以来无法可依的重要问题。

本章对与网络安全相关的法律法规进行了梳理，旨在将其内容准确地传达给读者，让网络安全观念深入人心，网络安全意识根植人心。

一、国家网络空间安全战略

2016 年 12 月 27 日，经中央网络安全和信息化领导小组批准，国家互联网信息办公室发布《国家网络空间安全战略》，全文如下：

国家网络空间安全战略

信息技术广泛应用和网络空间兴起发展，极大促进了经济社会繁荣进步，同时也带来了新的安全风险和挑战。网络空间安全(以下称网络安全)事关人类共同利益，事关世界和平与发展，事关各国国家安全。维护我国网络安全是协调推进全面建成小康社会、全面深化改革、全面依法治国、全面从严治党战略布局的重要举措，是实现"两个一百年"奋斗目标、实现中华民族伟大复兴中国梦的重要保障。为贯彻落实习近平主席关于推进全球互联网治理体系变革的"四项原则"和构建网络空间命运共同体的"五点主张"，阐明中国关于网络空间发展和安全的重大立场，指导中国网络安全工作，维护国家在网络空间的主权、安全、发展利益，制定本战略。

一、机遇和挑战

(一)重大机遇

伴随信息革命的飞速发展，互联网、通信网、计算机系统、自动化控制系统、数字设备及其承载的应用、服务和数据等组成的网络空间，正在全面改变人们的生产生活方式，深刻影响人类社会历史发展进程。

信息传播的新渠道。网络技术的发展，突破了时空限制，拓展了传播范围，创新了传播手段，引发了传播格局的根本性变革。网络已成为人们获取信息、学习交流的新渠道，成为人类知识传播的新载体。

生产生活的新空间。当今世界，网络深度融入人们的学习、生活、工作等方方面面，网络教育、创业、医疗、购物、金融等日益普及，越来越多的人通过网络交流思想、成就事业、实现梦想。

经济发展的新引擎。互联网日益成为创新驱动发展的先导力量，信息技术在国民经济各行业广泛应用，推动传统产业改造升级，催生了新技术、新业态、新产业、新模式，促进了经济结构调整和经济发展方式转变，为经济社会发展注入了新的动力。

文化繁荣的新载体。网络促进了文化交流和知识普及，释放了文化发展活力，推动了文化创新创造，丰富了人们精神文化生活，已经成为传播文化的新途径、提供公共文化服务的新手段。网络文化已成为文化建设的重要组成部分。

社会治理的新平台。网络在推进国家治理体系和治理能力现代化方面的作用日益凸显，电子政务应用走向深入，政府信息公开共享，推动了政府决策科学化、民主化、法治化，畅通了公民参与社会治理的渠道，成为保障公民知情权、参与权、表达权、监督权的重要途径。

交流合作的新纽带。信息化与全球化交织发展，促进了信息、资金、技术、人才等要素的全球流动，增进了不同文明交流融合。网络让世界变成了地球村，国际社会越来越成为你中有我、我中有你的命运共同体。

国家主权的新疆域。网络空间已经成为与陆地、海洋、天空、太空同等重要的人类活动新领域，国家主权拓展延伸到网络空间，网络空间主权成为国家主权的重要组成部分。尊重网络空间主权，维护网络安全，谋求共治，实现共赢，正在成为国际社会共识。

（二）严峻挑战

网络安全形势日益严峻，国家政治、经济、文化、社会、国防安全及公民在网络空间的合法权益面临严峻风险与挑战。

网络渗透危害政治安全。政治稳定是国家发展、人民幸福的基本前提。利用网络干涉他国内政、攻击他国政治制度、煽动社会动乱、颠覆他国政权，以及大规模网络监控、网络窃密等活动严重危害国家政治安全和用户信息安全。

网络攻击威胁经济安全。网络和信息系统已经成为关键基础设施乃至整个经济社会的神经中枢，遭受攻击破坏、发生重大安全事件，将导致能源、交通、通信、金融等基础设施瘫痪，造成灾难性后果，严重危害国家经济安全和公共利益。

网络有害信息侵蚀文化安全。网络上各种思想文化相互激荡、交锋，优秀传统文化和主流价值观面临冲击。网络谣言、颓废文化和淫秽、暴力、迷信等违背社会主义核心价值观的有害信息侵蚀青少年身心健康，败坏社会风气，误导价值取向，危害文化安全。网上道德失范、诚信缺失现象频发，网络文明程度亟待提高。

网络恐怖和违法犯罪破坏社会安全。恐怖主义、分裂主义、极端主义等势力利用网络煽动、策划、组织和实施暴力恐怖活动，直接威胁人民生命财产安全、社会秩序。计算机病毒、木马等在网络空间传播蔓延，网络欺诈、黑客攻击、侵犯知识产权、滥用个人信息等不法行为大量存在，一些组织肆意窃取用户信息、交易数据、位置信息以及企业商业秘密，严重损害国家、企业和个人利益，影响社会和谐稳定。

网络空间的国际竞争方兴未艾。国际上争夺和控制网络空间战略资源、抢占规则制定权和战略制高点、谋求战略主动权的竞争日趋激烈。个别国家强化网络威慑战略，加剧网络空间军备竞赛，世界和平受到新的挑战。

网络空间机遇和挑战并存，机遇大于挑战。必须坚持积极利用、科学发展、依法管理、确保安全，坚决维护网络安全，最大限度利用网络空间发展潜力，更好惠及13亿多中国人民，造福全人类，坚定维护世界和平。

二、目标

以总体国家安全观为指导，贯彻落实创新、协调、绿色、开放、共享的发展理念，增强风险意识和危机意识，统筹国内国际两个大局，统筹发展安全两件大事，积极防御、有效应对，推进网络空间和平、安全、开放、合作、有序，维护国家主权、安全、发展利益，实现建设网络强国的战略目标。

和平：信息技术滥用得到有效遏制，网络空间军备竞赛等威胁国际和平的活动得到有效控制，网络空间冲突得到有效防范。

安全：网络安全风险得到有效控制，国家网络安全保障体系健全完善，核心技术装备安全可控，网络和信息系统运行稳定可靠。网络安全人才满足需求，全社会的网络安全意识、基本防护技能和利用网络的信心大幅提升。

开放：信息技术标准、政策和市场开放、透明，产品流通和信息传播更加顺畅，数字鸿沟日益弥合。不分大小、强弱、贫富，世界各国特别是发展中国家都能分享发展机遇、共享发展成果、公平参与网络空间治理。

合作：世界各国在技术交流、打击网络恐怖和网络犯罪等领域的合作更加密切，多边、民主、透明的国际互联网治理体系健全完善，以合作共赢为核心的网络空间命运共同体逐步形成。

有序：公众在网络空间的知情权、参与权、表达权、监督权等合法权益得到充分保障，网络空间个人隐私获得有效保护，人权受到充分尊重。网络空间的国内和国际法律体系、标准规范逐步建立，网络空间实现依法有效治理，网络环境诚信、文明、健康，信息自由流动与维护国家安全、公共利益实现有机统一。

三、原则

一个安全稳定繁荣的网络空间，对各国乃至世界都具有重大意义。中国愿与各国一道，加强沟通、扩大共识、深化合作，积极推进全球互联网治理体系变革，共同维护网络空间和平安全。

(一)尊重维护网络空间主权

网络空间主权不容侵犯，尊重各国自主选择发展道路、网络管理模式、互联网公共政策和平等参与国际网络空间治理的权利。各国主权范围内的网络事务由各国人民自己做主，各国有权根据本国国情，借鉴国际经验，制定有关网络空间的法律法规，依法采取必要措施，管理本国信息系统及本国疆域上的网络活动；保护本国信息系统和信息资源免受侵入、干扰、攻击和破坏，保障公民在网络空间的合法权益；防范、阻止和惩治危害国家安全和利益的有害信息在本国网络传播，维护网络空间秩序。任何国家都不搞网络霸权、不搞双重标准，不利用网络干涉他国内政，不从事、纵容或支持危害他国国家安全的网络活动。

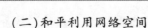

（二）和平利用网络空间

和平利用网络空间符合人类的共同利益。各国应遵守《联合国宪章》关于不得使用或威胁使用武力的原则，防止信息技术被用于与维护国际安全与稳定相悖的目的，共同抵制网络空间军备竞赛、防范网络空间冲突。坚持相互尊重、平等相待，求同存异、包容互信，尊重彼此在网络空间的安全利益和重大关切，推动构建和谐网络世界。反对以国家安全为借口，利用技术优势控制他国网络和信息系统、收集和窃取他国数据，更不能以牺牲别国安全谋求自身所谓绝对安全。

（三）依法治理网络空间

全面推进网络空间法治化，坚持依法治网、依法办网、依法上网，让互联网在法治轨道上健康运行。依法构建良好网络秩序，保护网络空间信息依法有序自由流动，保护个人隐私，保护知识产权。任何组织和个人在网络空间享有自由、行使权利的同时，须遵守法律，尊重他人权利，对自己在网络上的言行负责。

（四）统筹网络安全与发展

没有网络安全就没有国家安全，没有信息化就没有现代化。网络安全和信息化是一体之两翼、驱动之双轮。正确处理发展和安全的关系，坚持以安全保发展，以发展促安全。安全是发展的前提，任何以牺牲安全为代价的发展都难以持续。发展是安全的基础，不发展是最大的不安全。没有信息化发展，网络安全也没有保障，已有的安全甚至会丧失。

四、战略任务

中国的网民数量和网络规模世界第一，维护好中国网络安全，不仅是自身需要，对于维护全球网络安全乃至世界和平都具有重大意义。中国致力于维护国家网络空间主权、安全、发展利益，推动互联网造福人类，推动网络空间和平利用和共同治理。

（一）坚定捍卫网络空间主权

根据宪法和法律法规管理我国主权范围内的网络活动，保护我国信息设施和信息资源安全，采取包括经济、行政、科技、法律、外交、军事等一切措施，坚定不移地维护我国网络空间主权。坚决反对通过网络颠覆我国国家政权、破坏我国国家主权的一切行为。

（二）坚决维护国家安全

防范、制止和依法惩治任何利用网络进行叛国、分裂国家、煽动叛乱、颠覆或者煽动颠覆人民民主专政政权的行为；防范、制止和依法惩治利用网络进行窃取、泄露国家秘密等危害国家安全的行为；防范、制止和依法惩治境外势力利用网络进行渗透、破坏、颠覆、分裂活动。

(三)保护关键信息基础设施

国家关键信息基础设施是指关系国家安全、国计民生,一旦数据泄露、遭到破坏或者丧失功能可能严重危害国家安全、公共利益的信息设施,包括但不限于提供公共通信、广播电视传输等服务的基础信息网络,能源、金融、交通、教育、科研、水利、工业制造、医疗卫生、社会保障、公用事业等领域和国家机关的重要信息系统,重要互联网应用系统等。采取一切必要措施保护关键信息基础设施及其重要数据不受攻击破坏。坚持技术和管理并重、保护和震慑并举,着眼识别、防护、检测、预警、响应、处置等环节,建立实施关键信息基础设施保护制度,从管理、技术、人才、资金等方面加大投入,依法综合施策,切实加强关键信息基础设施安全防护。

关键信息基础设施保护是政府、企业和全社会的共同责任,主管、运营单位和组织要按照法律法规、制度标准的要求,采取必要措施保障关键信息基础设施安全,逐步实现先评估后使用。加强关键信息基础设施风险评估。加强党政机关以及重点领域网站的安全防护,基层党政机关网站要按集约化模式建设运行和管理。建立政府、行业与企业的网络安全信息有序共享机制,充分发挥企业在保护关键信息基础设施中的重要作用。

坚持对外开放,立足开放环境下维护网络安全。建立实施网络安全审查制度,加强供应链安全管理,对党政机关、重点行业采购使用的重要信息技术产品和服务开展安全审查,提高产品和服务的安全性和可控性,防止产品服务提供者和其他组织利用信息技术优势实施不正当竞争或损害用户利益。

(四)加强网络文化建设

加强网上思想文化阵地建设,大力培育和践行社会主义核心价值观,实施网络内容建设工程,发展积极向上的网络文化,传播正能量,凝聚强大精神力量,营造良好网络氛围。鼓励拓展新业务、创作新产品,打造体现时代精神的网络文化品牌,不断提高网络文化产业规模水平。实施中华优秀文化网上传播工程,积极推动优秀传统文化和当代文化精品的数字化、网络化制作和传播。发挥互联网传播平台优势,推动中外优秀文化交流互鉴,让各国人民了解中华优秀文化,让中国人民了解各国优秀文化,共同推动网络文化繁荣发展,丰富人们精神世界,促进人类文明进步。

加强网络伦理、网络文明建设,发挥道德教化引导作用,用人类文明优秀成果滋养网络空间、修复网络生态。建设文明诚信的网络环境,倡导文明办网、文明上网,形成安全、文明、有序的信息传播秩序。坚决打击谣言、淫秽、暴力、迷信、邪教等违法有害信息在网络空间传播蔓延。提高青少年网络文明素养，加强对未成年人上网保护，通过政府、社会组织、社区、学校、家庭等方面的共同努力，为青少年健康成长创造良好的网络环境。

（五）打击网络恐怖和违法犯罪

加强网络反恐、反间谍、反窃密能力建设，严厉打击网络恐怖和网络间谍活动。

坚持综合治理、源头控制、依法防范，严厉打击网络诈骗、网络盗窃、贩枪贩毒、侵害公民个人信息、传播淫秽色情、黑客攻击、侵犯知识产权等违法犯罪行为。

（六）完善网络治理体系

坚持依法、公开、透明管网治网，切实做到有法可依、有法必依、执法必严、违法必究。健全网络安全法律法规体系，制定出台网络安全法、未成年人网络保护条例等法律法规，明确社会各方面的责任和义务，明确网络安全管理要求。加快对现行法律的修订和解释，使之适用于网络空间。完善网络安全相关制度，建立网络信任体系，提高网络安全管理的科学化规范化水平。

加快构建法律规范、行政监管、行业自律、技术保障、公众监督、社会教育相结合的网络治理体系，推进网络社会组织管理创新，健全基础管理、内容管理、行业管理以及网络违法犯罪防范和打击等工作联动机制。加强网络空间通信秘密、言论自由、商业秘密，以及名誉权、财产权等合法权益的保护。

鼓励社会组织等参与网络治理，发展网络公益事业，加强新型网络社会组织建设。鼓励网民举报网络违法行为和不良信息。

（七）夯实网络安全基础

坚持创新驱动发展，积极创造有利于技术创新的政策环境，统筹资源和力量，以企业为主体，产学研用相结合，协同攻关、以点带面、整体推进，尽快在核心技术上取得突破。重视软件安全，加快安全可信产品推广应用。发展网络基础设施，丰富网络空间信息内容。实施"互联网＋"行动，大力发展网络经济。实施国家大数据战略，建立大数据安全管理制度，支持大数据、云计算等新一代信息技术创新和应用。优化市场环境，鼓励网络安全企业做大做强，为保障国家网络安全夯实产业基础。

建立完善国家网络安全技术支撑体系。加强网络安全基础理论和重大问题研究。加强网络安全标准化和认证认可工作，更多地利用标准规范网络空间行为。做好等级保护、风险评估、漏洞发现等基础性工作，完善网络安全监测预警和网络安全重大事件应急处置机制。

实施网络安全人才工程，加强网络安全学科专业建设，打造一流网络安全学院和创新园区，形成有利于人才培养和创新创业的生态环境。办好网络安全宣传周活动，大力开展全民网络安全宣传教育。推动网络安全教育进教材、进学校、进课堂，提高网络媒介素养，增强全社会网络安全意识和防护技能，提高广大网民对网络违法有害信息、网络欺诈等违法犯罪活动的辨识和抵御能力。

(八)提升网络空间防护能力

网络空间是国家主权的新疆域。建设与我国国际地位相称、与网络强国相适应的网络空间防护力量，大力发展网络安全防御手段，及时发现和抵御网络入侵，铸造维护国家网络安全的坚强后盾。

(九)强化网络空间国际合作

在相互尊重、相互信任的基础上，加强国际网络空间对话合作，推动互联网全球治理体系变革。深化同各国的双边、多边网络安全对话交流和信息沟通，有效管控分歧，积极参与全球和区域组织网络安全合作，推动互联网地址、根域名服务器等基础资源管理国际化。

支持联合国发挥主导作用，推动制定各方普遍接受的网络空间国际规则、网络空间国际反恐公约，健全打击网络犯罪司法协助机制，深化在政策法律、技术创新、标准规范、应急响应、关键信息基础设施保护等领域的国际合作。

加强对发展中国家和落后地区互联网技术普及和基础设施建设的支持援助，努力弥合数字鸿沟。推动"一带一路"建设，提高国际通信互联互通水平，畅通信息丝绸之路。搭建世界互联网大会等全球互联网共享共治平台，共同推动互联网健康发展。通过积极有效的国际合作，建立多边、民主、透明的国际互联网治理体系，共同构建和平、安全、开放、合作、有序的网络空间。

二、网络安全法及解读

2016 年 11 月 7 日全国人民代表大会常务委员会发布《中华人民共和国网络安全法》，自 2017 年 6 月 1 日起施行。

(一)《中华人民共和国网络安全法》全文

中华人民共和国网络安全法

第一章　总则

第一条　为了保障网络安全，维护网络空间主权和国家安全、社会公共利益，保护公民、法人和其他组织的合法权益，促进经济社会信息化健康发展，制定本法。

第二条　在中华人民共和国境内建设、运营、维护和使用网络，以及网络安全的监督管理，适用本法。

第三条　国家坚持网络安全与信息化发展并重，遵循积极利用、科学发展、依法管理、确保安全的方针，推进网络基础设施建设和互联互通，鼓励网络技术创新和应用，支持培养网络安全人才，建立健全网络安全保障体系，提高网络安全保护能力。

第四条　国家制定并不断完善网络安全战略，明确保障网络安全的基本要求和主要目标，提出重点领域的网络安全政策、工作任务和措施。

第五条　国家采取措施，监测、防御、处置来源于中华人民共和国境内外的网络安全风险和威胁，保护关键信息基础设施免受攻击、侵入、干扰和破坏，依法惩治网络违法犯罪活动，维护网络空间安全和秩序。

第六条　国家倡导诚实守信、健康文明的网络行为，推动传播社会主义核心价值观，采取措施提高全社会的网络安全意识和水平，形成全社会共同参与促进网络安全的良好环境。

第七条　国家积极开展网络空间治理、网络技术研发和标准制定、打击网络违法犯罪等方面的国际交流与合作，推动构建和平、安全、开放、合作的网络空间，建立多边、民主、透明的网络治理体系。

第八条　国家网信部门负责统筹协调网络安全工作和相关监督管理工作。国务院电信主管部门、公安部门和其他有关机关依照本法和有关法律、行政法规的规定，在各自职责范围内负责网络安全保护和监督管理工作。

县级以上地方人民政府有关部门的网络安全保护和监督管理职责，按照国家有关规定确定。

第九条　网络运营者开展经营和服务活动，必须遵守法律、行政法规，尊重社会公德，遵守商业道德，诚实信用，履行网络安全保护义务，接受政府和社会的监督，承担社会责任。

第十条　建设、运营网络或者通过网络提供服务，应当依照法律、行政法规的规定和国家标准的强制性要求，采取技术措施和其他必要措施，保障网络安全、稳定运行，有效应对网络安全事件，防范网络违法犯罪活动，维护网络数据的完整性、保密性和可用性。

第十一条　网络相关行业组织按照章程，加强行业自律，制定网络安全行为规范，指导会员加强网络安全保护，提高网络安全保护水平，促进行业健康发展。

第十二条　国家保护公民、法人和其他组织依法使用网络的权利，促进网络接入普及，提升网络服务水平，为社会提供安全、便利的网络服务，保障网络信息依法有序自由流动。

任何个人和组织使用网络应当遵守宪法法律，遵守公共秩序，尊重社会公德，不得危害网络安全，不得利用网络从事危害国家安全、荣誉和利益，煽动颠覆国家政权、推翻社会主义制度，煽动分裂国家、破坏国家统一，宣扬恐怖主义、极端主义；宣扬民族仇恨、民族歧视，传播暴力、淫秽色情信息，编造、传播虚假信息扰乱经济秩序和社会秩序，以及侵害他人名誉、隐私、知识产权和其他合法权益等活动。

第十三条　国家支持研究开发有利于未成年人健康成长的网络产品和服务，依法惩治利用网络从事危害未成年人身心健康的活动，为未成年人提供安全、健康的网络环境。

第十四条　任何个人和组织有权对危害网络安全的行为向网信、电信、公安等部门举报。收到举报的部门应当及时依法作出处理；不属于本部门职责的，应当及时移送有权处理的部门。

有关部门应当对举报人的相关信息予以保密，保护举报人的合法权益。

第二章　网络安全支持与促进

第十五条　国家建立和完善网络安全标准体系。国务院标准化行政主管部门和国务院其他有关部门根据各自的职责，组织制定并适时修订有关网络安全管理以及网络产品、服务和运行安全的国家标准、行业标准。

国家支持企业、研究机构、高等学校、网络相关行业组织参与网络安全国家标准、行业标准的制定。

第十六条　国务院和省、自治区、直辖市人民政府应当统筹规划，加大投入，扶持重点网络安全技术产业和项目，支持网络安全技术的研究开发和应用，推广安全可信的网络产品和服务，保护网络技术知识产权，支持企业、研究机构和高等学校等参与国家网络安全技术创新项目。

第十七条　国家推进网络安全社会化服务体系建设，鼓励有关企业、机构开展网络安全认证、检测和风险评估等安全服务。

第十八条　国家鼓励开发网络数据安全保护和利用技术，促进公共数据资源开放，推动技术创新和经济社会发展。

国家支持创新网络安全管理方式，运用网络新技术，提升网络安全保护水平。

第十九条　各级人民政府及其有关部门应当组织开展经常性的网络安全宣传教育，并指导、督促有关单位做好网络安全宣传教育工作。

大众传播媒介应当有针对性地面向社会进行网络安全宣传教育。

第二十条　国家支持企业和高等学校、职业学校等教育培训机构开展网络安全相关教育与培训，采取多种方式培养网络安全人才，促进网络安全人才交流。

第三章　网络运行安全
第一节　一般规定

第二十一条　国家实行网络安全等级保护制度。网络运营者应当按照网络安全等级保护制度的要求，履行下列安全保护义务，保障网络免受干扰、破坏或者未经授权的访问，防止网络数据泄露或者被窃取、篡改：

（一）制定内部安全管理制度和操作规程，确定网络安全负责人，落实网络安全保护责任；

（二）采取防范计算机病毒和网络攻击、网络侵入等危害网络安全行为的技术措施；

（三）采取监测、记录网络运行状态、网络安全事件的技术措施，并按照规定留存相关的网络日志不少于六个月；

（四）采取数据分类、重要数据备份和加密等措施；

（五）法律、行政法规规定的其他义务。

第二十二条　网络产品、服务应当符合相关国家标准的强制性要求。网络产品、服务的提供者不得设置恶意程序；发现其网络产品、服务存在安全缺陷、漏洞等风险时，应当立即采取补救措施，按照规定及时告知用户并向有关主管部门报告。

网络产品、服务的提供者应当为其产品、服务持续提供安全维护；在规定或者当事人约定的期限内，不得终止提供安全维护。

网络产品、服务具有收集用户信息功能的，其提供者应当向用户明示并取得同意；涉及用户个人信息的，还应当遵守本法和有关法律、行政法规关于个人信息保护的规定。

第二十三条　网络关键设备和网络安全专用产品应当按照相关国家标准的强制性要求，由具备资格的机构安全认证合格或者安全检测符合要求后，方可销售或者提供。国家网信部门会同国务院有关部门制定、公布网络关键设备和网络安全专用产品目录，并推动安全认证和安全检测结果互认，避免重复认证、检测。

第二十四条　网络运营者为用户办理网络接入、域名注册服务，办理固定电话、移动电话等入网手续，或者为用户提供信息发布、即时通讯等服务，在与用户签订协议或者确认提供服务时，应当要求用户提供真实身份信息。用户不提供真实身份信息的，网络运营者不得为其提供相关服务。

国家实施网络可信身份战略，支持研究开发安全、方便的电子身份认证技术，推动不同电子身份认证之间的互认。

第二十五条　网络运营者应当制定网络安全事件应急预案，及时处置系统漏洞、计算机病毒、网络攻击、网络侵入等安全风险；在发生危害网络安全的事件时，立即启动应急预案，采取相应的补救措施，并按照规定向有关主管部门报告。

第二十六条　开展网络安全认证、检测、风险评估等活动，向社会发布系统漏洞、计算机病毒、网络攻击、网络侵入等网络安全信息，应当遵守国家有关规定。

第二十七条　任何个人和组织不得从事非法侵入他人网络、干扰他人网络正常功能、窃取网络数据等危害网络安全的活动；不得提供专门用于从事侵入网络、干扰网络正常功能及防护措施、窃取网络数据等危害网络安全活动的程序、工具；明知他人从事危害网络安全的活动的，不得为其提供技术支持、广告推广、支付结算等帮助。

第二十八条　网络运营者应当为公安机关、国家安全机关依法维护国家安全和侦查犯罪的活动提供技术支持和协助。

第二十九条　国家支持网络运营者之间在网络安全信息收集、分析、通报和应急处置等方面进行合作，提高网络运营者的安全保障能力。

有关行业组织建立健全本行业的网络安全保护规范和协作机制，加强对网络安全风险的分析评估，定期向会员进行风险警示，支持、协助会员应对网络安全风险。

第三十条　网信部门和有关部门在履行网络安全保护职责中获取的信息，只能用于维护网络安全的需要，不得用于其他用途。

第二节　关键信息基础设施的运行安全

第三十一条　国家对公共通信和信息服务、能源、交通、水利、金融、公共服务、电子政务等重要行业和领域，以及其他一旦遭到破坏、丧失功能或者数据泄露，可能严重危害国家安全、国计民生、公共利益的关键信息基础设施，在网络安全等级保护制度的基础上，实行重点保护。关键信息基础设施的具体范围和安全保护办法由国务院制定。

国家鼓励关键信息基础设施以外的网络运营者自愿参与关键信息基础设施保护体系。

第三十二条　按照国务院规定的职责分工，负责关键信息基础设施安全保护工作的部门分别编制并组织实施本行业、本领域的关键信息基础设施安全规划，指导和监督关键信息基础设施运行安全保护工作。

第三十三条　建设关键信息基础设施应当确保其具有支持业务稳定、持续运行的性能，并保证安全技术措施同步规划、同步建设、同步使用。

第三十四条　除本法第二十一条的规定外，关键信息基础设施的运营者还应当履行下列安全保护义务：

（一）设置专门安全管理机构和安全管理负责人，并对该负责人和关键岗位的人员进行安全背景审查；

（二）定期对从业人员进行网络安全教育、技术培训和技能考核；

（三）对重要系统和数据库进行容灾备份；

（四）制定网络安全事件应急预案，并定期进行演练；

（五）法律、行政法规规定的其他义务。

第三十五条　关键信息基础设施的运营者采购网络产品和服务，可能影响国家安全的，应当通过国家网信部门会同国务院有关部门组织的国家安全审查。

第三十六条　关键信息基础设施的运营者采购网络产品和服务，应当按照规定与提供者签订安全保密协议，明确安全和保密义务与责任。

第三十七条　关键信息基础设施的运营者在中华人民共和国境内运营中收集和产生的个人信息和重要数据应当在境内存储。因业务需要，确需向境外提供的，应当按照国家网信部门会同国务院有关部门制定的办法进行安全评估；法律、行政法规另有规定的，依照其规定。

第三十八条　关键信息基础设施的运营者应当自行或者委托网络安全服务机构对其网络的安全性和可能存在的风险每年至少进行一次检测评估，并将检测评估情况和改进措施报送相关负责关键信息基础设施安全保护工作的部门。

第三十九条　国家网信部门应当统筹协调有关部门对关键信息基础设施的安全保护采取下列措施：

（一）对关键信息基础设施的安全风险进行抽查检测，提出改进措施，必要时可以委托网络安全服务机构对网络存在的安全风险进行检测评估；

（二）定期组织关键信息基础设施的运营者进行网络安全应急演练，提高应对网络安全事件的水平和协同配合能力；

（三）促进有关部门、关键信息基础设施的运营者以及有关研究机构、网络安全服务机构等之间的网络安全信息共享；

（四）对网络安全事件的应急处置与网络功能的恢复等，提供技术支持和协助。

第四章　网络信息安全

第四十条　网络运营者应当对其收集的用户信息严格保密，并建立健全用户信息保护制度。

第四十一条 网络运营者收集、使用个人信息，应当遵循合法、正当、必要的原则，公开收集、使用规则，明示收集、使用信息的目的、方式和范围，并经被收集者同意。

网络运营者不得收集与其提供的服务无关的个人信息，不得违反法律、行政法规的规定和双方的约定收集、使用个人信息，并应当依照法律、行政法规的规定和与用户的约定，处理其保存的个人信息。

第四十二条 网络运营者不得泄露、篡改、毁损其收集的个人信息；未经被收集者同意，不得向他人提供个人信息。但是，经过处理无法识别特定个人且不能复原的除外。

网络运营者应当采取技术措施和其他必要措施，确保其收集的个人信息安全，防止信息泄露、毁损、丢失。在发生或者可能发生个人信息泄露、毁损、丢失的情况时，应当立即采取补救措施，按照规定及时告知用户并向有关主管部门报告。

第四十三条 个人发现网络运营者违反法律、行政法规的规定或者双方的约定收集、使用其个人信息的，有权要求网络运营者删除其个人信息；发现网络运营者收集、存储的其个人信息有错误的，有权要求网络运营者予以更正。网络运营者应当采取措施予以删除或者更正。

第四十四条 任何个人和组织不得窃取或者以其他非法方式获取个人信息，不得非法出售或者非法向他人提供个人信息。

第四十五条 依法负有网络安全监督管理职责的部门及其工作人员，必须对在履行职责中知悉的个人信息、隐私和商业秘密严格保密，不得泄露、出售或者非法向他人提供。

第四十六条 任何个人和组织应当对其使用网络的行为负责，不得设立用于实施诈骗，传授犯罪方法，制作或者销售违禁物品、管制物品等违法犯罪活动的网站、通讯群组，不得利用网络发布涉及实施诈骗，制作或者销售违禁物品、管制物品以及其他违法犯罪活动的信息。

第四十七条 网络运营者应当加强对其用户发布的信息的管理，发现法律、行政法规禁止发布或者传输的信息的，应当立即停止传输该信息，采取消除等处置措施，防止信息扩散，保存有关记录，并向有关主管部门报告。

第四十八条 任何个人和组织发送的电子信息、提供的应用软件，不得设置恶意程序，不得含有法律、行政法规禁止发布或者传输的信息。

电子信息发送服务提供者和应用软件下载服务提供者，应当履行安全管理义务，知道其用户有前款规定行为的，应当停止提供服务，采取消除等处置措施，保存有关记录，并向有关主管部门报告。

第四十九条　网络运营者应当建立网络信息安全投诉、举报制度，公布投诉、举报方式等信息，及时受理并处理有关网络信息安全的投诉和举报。

网络运营者对网信部门和有关部门依法实施的监督检查，应当予以配合。

第五十条　国家网信部门和有关部门依法履行网络信息安全监督管理职责，发现法律、行政法规禁止发布或者传输的信息的，应当要求网络运营者停止传输，采取消除等处置措施，保存有关记录；对来源于中华人民共和国境外的上述信息，应当通知有关机构采取技术措施和其他必要措施阻断传播。

第五章　监测预警与应急处置

第五十一条　国家建立网络安全监测预警和信息通报制度。国家网信部门应当统筹协调有关部门加强网络安全信息收集、分析和通报工作，按照规定统一发布网络安全监测预警信息。

第五十二条　负责关键信息基础设施安全保护工作的部门，应当建立健全本行业、本领域的网络安全监测预警和信息通报制度，并按照规定报送网络安全监测预警信息。

第五十三条　国家网信部门协调有关部门建立健全网络安全风险评估和应急工作机制，制定网络安全事件应急预案，并定期组织演练。

负责关键信息基础设施安全保护工作的部门应当制定本行业、本领域的网络安全事件应急预案，并定期组织演练。

网络安全事件应急预案应当按照事件发生后的危害程度、影响范围等因素对网络安全事件进行分级，并规定相应的应急处置措施。

第五十四条　网络安全事件发生的风险增大时，省级以上人民政府有关部门应当按照规定的权限和程序，并根据网络安全风险的特点和可能造成的危害，采取下列措施：

（一）要求有关部门、机构和人员及时收集、报告有关信息，加强对网络安全风险的监测；

（二）组织有关部门、机构和专业人员，对网络安全风险信息进行分析评估，预测事件发生的可能性、影响范围和危害程度；

（三）向社会发布网络安全风险预警，发布避免、减轻危害的措施。

第五十五条　发生网络安全事件，应当立即启动网络安全事件应急预案，对网络安全事件进行调查和评估，要求网络运营者采取技术措施和其他必要措施，消除安全隐患，防止危害扩大，并及时向社会发布与公众有关的警示信息。

第五十六条　省级以上人民政府有关部门在履行网络安全监督管理职责

中，发现网络存在较大安全风险或者发生安全事件的，可以按照规定的权限和程序对该网络的运营者的法定代表人或者主要负责人进行约谈。网络运营者应当按照要求采取措施，进行整改，消除隐患。

第五十七条 因网络安全事件，发生突发事件或者生产安全事故的，应当依照《中华人民共和国突发事件应对法》、《中华人民共和国安全生产法》等有关法律、行政法规的规定处置。

第五十八条 因维护国家安全和社会公共秩序，处置重大突发社会安全事件的需要，经国务院决定或者批准，可以在特定区域对网络通信采取限制等临时措施。

第六章 法律责任

第五十九条 网络运营者不履行本法第二十一条、第二十五条规定的网络安全保护义务的，由有关主管部门责令改正，给予警告；拒不改正或者导致危害网络安全等后果的，处一万元以上十万元以下罚款，对直接负责的主管人员处五千元以上五万元以下罚款。

关键信息基础设施的运营者不履行本法第三十三条、第三十四条、第三十六条、第三十八条规定的网络安全保护义务的，由有关主管部门责令改正，给予警告；拒不改正或者导致危害网络安全等后果的，处十万元以上一百万元以下罚款，对直接负责的主管人员处一万元以上十万元以下罚款。

第六十条 违反本法第二十二条第一款、第二款和第四十八条第一款规定，有下列行为之一的，由有关主管部门责令改正，给予警告；拒不改正或者导致危害网络安全等后果的，处五万元以上五十万元以下罚款，对直接负责的主管人员处一万元以上十万元以下罚款：

（一）设置恶意程序的；

（二）对其产品、服务存在的安全缺陷、漏洞等风险未立即采取补救措施，或者未按照规定及时告知用户并向有关主管部门报告的；

（三）擅自终止为其产品、服务提供安全维护的。

第六十一条 网络运营者违反本法第二十四条第一款规定，未要求用户提供真实身份信息，或者对不提供真实身份信息的用户提供相关服务的，由有关主管部门责令改正；拒不改正或者情节严重的，处五万元以上五十万元以下罚款，并可以由有关主管部门责令暂停相关业务、停业整顿、关闭网站、吊销相关业务许可证或者吊销营业执照，对直接负责的主管人员和其他直接责任人员处一万元以上十万元以下罚款。

第六十二条 违反本法第二十六条规定，开展网络安全认证、检测、风险评估等活动，或者向社会发布系统漏洞、计算机病毒、网络攻击、网络侵入等网络安全信息的，由有关主管部门责令改正，给予警告；拒不改正或者情节严重的，处一万元以上十万元以下罚款，并可以由有关主管部门责令暂停相关业务、停业整顿、关闭网站、吊销相关业务许可证或者吊销营业执照，对直接负责的主管人员和其他直接责任人员处五千元以上五万元以下罚款。

第六十三条 违反本法第二十七条规定，从事危害网络安全的活动，或者提供专门用于从事危害网络安全活动的程序、工具，或者为他人从事危害网络安全的活动提供技术支持、广告推广、支付结算等帮助，尚不构成犯罪的，由公安机关没收违法所得，处五日以下拘留，可以并处五万元以上五十万元以下罚款；情节较重的，处五日以上十五日以下拘留，可以并处十万元以上一百万元以下罚款。

单位有前款行为的，由公安机关没收违法所得，处十万元以上一百万元以下罚款，并对直接负责的主管人员和其他直接责任人员依照前款规定处罚。

违反本法第二十七条规定，受到治安管理处罚的人员，五年内不得从事网络安全管理和网络运营关键岗位的工作；受到刑事处罚的人员，终身不得从事网络安全管理和网络运营关键岗位的工作。

第六十四条 网络运营者、网络产品或者服务的提供者违反本法第二十二条第三款、第四十一条至第四十三条规定，侵害个人信息依法得到保护的权利的，由有关主管部门责令改正，可以根据情节单处或者并处警告、没收违法所得、处违法所得一倍以上十倍以下罚款，没有违法所得的，处一百万元以下罚款，对直接负责的主管人员和其他直接责任人员处一万元以上十万元以下罚款；情节严重的，并可以责令暂停相关业务、停业整顿、关闭网站、吊销相关业务许可证或者吊销营业执照。

违反本法第四十四条规定，窃取或者以其他非法方式获取、非法出售或者非法向他人提供个人信息，尚不构成犯罪的，由公安机关没收违法所得，并处违法所得一倍以上十倍以下罚款，没有违法所得的，处一百万元以下罚款。

第六十五条 关键信息基础设施的运营者违反本法第三十五条规定，使用未经安全审查或者安全审查未通过的网络产品或者服务的，由有关主管部门责令停止使用，处采购金额一倍以上十倍以下罚款；对直接负责的主管人员和其他直接责任人员处一万元以上十万元以下罚款。

第六十六条 关键信息基础设施的运营者违反本法第三十七条规定，在境外存储网络数据，或者向境外提供网络数据的，由有关主管部门责令改正，给予警告，没收违法所得，处五万元以上五十万元以下罚款，并可以责令暂停相关业务、停业整顿、关闭网站、吊销相关业务许可证或者吊销营业执照；对直接负责的主管人员和其他直接责任人员处一万元以上十万元以下罚款。

第六十七条 违反本法第四十六条规定，设立用于实施违法犯罪活动的网站、通讯群组，或者利用网络发布涉及实施违法犯罪活动的信息，尚不构成犯罪的，由公安机关处五日以下拘留，可以并处一万元以上十万元以下罚款；情节较重的，处五日以上十五日以下拘留，可以并处五万元以上五十万元以下罚款。关闭用于实施违法犯罪活动的网站、通讯群组。

单位有前款行为的，由公安机关处十万元以上五十万元以下罚款，并对直接负责的主管人员和其他直接责任人员依照前款规定处罚。

第六十八条 网络运营者违反本法第四十七条规定，对法律、行政法规禁止发布或者传输的信息未停止传输、采取消除等处置措施、保存有关记录的，由有关主管部门责令改正，给予警告，没收违法所得；拒不改正或者情节严重的，处十万元以上五十万元以下罚款，并可以责令暂停相关业务、停业整顿、关闭网站、吊销相关业务许可证或者吊销营业执照，对直接负责的主管人员和其他直接责任人员处一万元以上十万元以下罚款。

电子信息发送服务提供者、应用软件下载服务提供者，不履行本法第四十八条第二款规定的安全管理义务的，依照前款规定处罚。

第六十九条 网络运营者违反本法规定，有下列行为之一的，由有关主管部门责令改正；拒不改正或者情节严重的，处五万元以上五十万元以下罚款，对直接负责的主管人员和其他直接责任人员，处一万元以上十万元以下罚款：

（一）不按照有关部门的要求对法律、行政法规禁止发布或者传输的信息，采取停止传输、消除等处置措施的；

（二）拒绝、阻碍有关部门依法实施的监督检查的；

（三）拒不向公安机关、国家安全机关提供技术支持和协助的。

第七十条 发布或者传输本法第十二条第二款和其他法律、行政法规禁止发布或者传输的信息的，依照有关法律、行政法规的规定处罚。

第七十一条 有本法规定的违法行为的，依照有关法律、行政法规的规定记入信用档案，并予以公示。

第七十二条 国家机关政务网络的运营者不履行本法规定的网络安全保护义务的，由其上级机关或者有关机关责令改正；对直接负责的主管人员和其他直接责任人员依法给予处分。

第七十三条 网信部门和有关部门违反本法第三十条规定，将在履行网络安全保护职责中获取的信息用于其他用途的，对直接负责的主管人员和其他直接责任人员依法给予处分。

网信部门和有关部门的工作人员玩忽职守、滥用职权、徇私舞弊，尚不构成犯罪的，依法给予处分。

第七十四条 违反本法规定，给他人造成损害的，依法承担民事责任。

违反本法规定，构成违反治安管理行为的，依法给予治安管理处罚；构成犯罪的，依法追究刑事责任。

第七十五条 境外的机构、组织、个人从事攻击、侵入、干扰、破坏等危害中华人民共和国的关键信息基础设施的活动，造成严重后果的，依法追究法律责任；国务院公安部门和有关部门并可以决定对该机构、组织、个人采取冻结财产或者其他必要的制裁措施。

第七章　附则

第七十六条 本法下列用语的含义：

(一)网络，是指由计算机或者其他信息终端及相关设备组成的按照一定的规则和程序对信息进行收集、存储、传输、交换、处理的系统。

(二)网络安全，是指通过采取必要措施，防范对网络的攻击、侵入、干扰、破坏和非法使用以及意外事故，使网络处于稳定可靠运行的状态，以及保障网络数据的完整性、保密性、可用性的能力。

(三)网络运营者，是指网络的所有者、管理者和网络服务提供者。

(四)网络数据，是指通过网络收集、存储、传输、处理和产生的各种电子数据。

(五)个人信息，是指以电子或者其他方式记录的能够单独或者与其他信息结合识别自然人个人身份的各种信息，包括但不限于自然人的姓名、出生日期、身份证件号码、个人生物识别信息、住址、电话号码等。

第七十七条 存储、处理涉及国家秘密信息的网络的运行安全保护，除应当遵守本法外，还应当遵守保密法律、行政法规的规定。

第七十八条 军事网络的安全保护，由中央军事委员会另行规定。

第七十九条 本法自 2017 年 6 月 1 日起施行。

(二)《网络安全法》的相关解读

《网络安全法》是我国第一部全面规范网络空间安全管理方面问题的基础性法律，是我国网络空间法治建设的重要里程碑，是依法治网、化解网络风险的法律重器，是让互联网在法治轨道上健康运行的重要保障。《网络安全法》将近年来一些成熟的好做法制度化，并为将来可能的制度创新做了原则性规定，为网络安全工作提供切实法律保障。本法在以下几个方面值得特别关注：

一、《网络安全法》确立了网络安全法的基本原则

第一，网络空间主权原则。《网络安全法》第一条"立法目的"开宗明义，明确规定要维护我国网络空间主权。网络空间主权是一国国家主权在网络空间中的自然延伸和表现。习近平总书记指出，《联合国宪章》确立的主权平等原则是当代国际关系的基本准则，覆盖国与国交往各个领域，其原则和精神也应该适用于网络空间。各国自主选择网络发展道路、网络管理模式、互联网公共政策和平等参与国际网络空间治理的权利应当得到尊重。第二条明确规定《网络安全法》适用于我国境内网络以及网络安全的监督管理。这是我国网络空间主权对内最高管辖权的具体体现。

第二，网络安全与信息化发展并重原则。习近平总书记指出，安全是发展的前提，发展是安全的保障，安全和发展要同步推进。网络安全和信息化是一体之两翼、驱动之双轮，必须统一谋划、统一部署、统一推进、统一实施。《网络安全法》第三条明确规定，国家坚持网络安全与信息化并重，遵循积极利用、科学发展、依法管理、确保安全的方针；既要推进网络基础设施建设，鼓励网络技术创新和应用，又要建立健全网络安全保障体系，提高网络安全保护能力，做到"双轮驱动、两翼齐飞"。

第三，共同治理原则。网络空间安全仅仅依靠政府是无法实现的，需要政府、企业、社会组织、技术社群和公民等网络利益相关者的共同参与。《网络安全法》坚持共同治理原则，要求采取措施鼓励全社会共同参与，政府部门、网络建设者、网络运营者、网络服务提供者、网络行业相关组织、高等院校、职业学校、社会公众等都应根据各自的角色参与网络安全治理工作。

二、《网络安全法》提出制定网络安全战略，明确网络空间治理目标，提高了我国网络安全政策的透明度

《网络安全法》第四条明确提出了我国网络安全战略的主要内容，即：明确保障网络安全的基本要求和主要目标，提出重点领域的网络安全政策、工作任务和措施。第七条明确规定，我国致力于"推动构建和平、安全、开放、合作的网络空间，建立多边、民主、透明的网络治理体系。"这是我国第一次通过国家法律的形式向世界宣示网络空间治理目标，明确表达了我国的网络空间治理诉求。上述规定提高了我国网络治理公共政策的透明度，与我国的网络大国地位相称，有利于提升我国对网络空间的国际话语权和规则制定权，促成网络空间国际规则的出台。

三、《网络安全法》进一步明确了政府各部门的职责权限，完善了网络安全监管体制

《网络安全法》将现行有效的网络安全监管体制法制化，明确了网信部门

与其他相关网络监管部门的职责分工。第八条规定，国家网信部门负责统筹协调网络安全工作和相关监督管理工作，国务院电信主管部门、公安部门和其他有关机关依法在各自职责范围内负责网络安全保护和监督管理工作。这种"1+X"的监管体制，符合当前互联网与现实社会全面融合的特点和我国监管需要。

四、《网络安全法》强化了网络运行安全，重点保护关键信息基础设施

《网络安全法》第三章用了近三分之一的篇幅规范网络运行安全，特别强调要保障关键信息基础设施的运行安全。关键信息基础设施是指那些一旦遭到破坏、丧失功能或者数据泄露，可能严重危害国家安全、国计民生、公共利益的系统和设施。网络运行安全是网络安全的重心，关键信息基础设施安全则是重中之重，与国家安全和社会公共利益息息相关。为此，《网络安全法》强调在网络安全等级保护制度的基础上，对关键信息基础设施实行重点保护，明确关键信息基础设施的运营者负有更多的安全保护义务，并配以国家安全审查、重要数据强制本地存储等法律措施，确保关键信息基础设施的运行安全。

五、《网络安全法》完善了网络安全义务和责任，加大了违法惩处力度

《网络安全法》将原来散见于各种法规、规章中的规定上升到人大法律层面，对网络运营者等主体的法律义务和责任做了全面规定，包括守法义务，遵守社会公德、商业道德义务，诚实信用义务，网络安全保护义务，接受监督义务，承担社会责任等，并在"网络运行安全"、"网络信息安全"、"监测预警与应急处置"等章节中进一步明确、细化。在"法律责任"中则提高了违法行为的处罚标准，加大了处罚力度，有利于保障《网络安全法》的实施。

六、《网络安全法》将监测预警与应急处置措施制度化、法制化

《网络安全法》第五章将监测预警与应急处置工作制度化、法制化，明确国家建立网络安全监测预警和信息通报制度，建立网络安全风险评估和应急工作机制，制定网络安全事件应急预案并定期演练。这为建立统一高效的网络安全风险报告机制、情报共享机制、研判处置机制提供了法律依据，为深化网络安全防护体系，实现全天候全方位感知网络安全态势提供了法律保障。

（文章来源：北京邮电大学互联网治理与法律研究中心）

三、刑法（节选与网络安全有关内容）

......

第二百八十五条 违反国家规定，侵入国家事务、国防建设、尖端科学技术领域的计算机信息系统的，处三年以下有期徒刑或者拘役。

违反国家规定，侵入前款规定以外的计算机信息系统或者采用其他技术手段，获取该计算机信息系统中存储、处理或者传输的数据，或者对该计算机信息系统实施非法控制，情节严重的，处三年以下有期徒刑或者拘役，并处或者单处罚金；情节特别严重的，处三年以上七年以下有期徒刑，并处罚金。

提供专门用于侵入、非法控制计算机信息系统的程序、工具，或者明知他人实施侵入、非法控制计算机信息系统的违法犯罪行为而为其提供程序、工具，情节严重的，依照前款的规定处罚。

第二百八十六条　违反国家规定，对计算机信息系统功能进行删除、修改、增加、干扰，造成计算机信息系统不能正常运行，后果严重的，处五年以下有期徒刑或者拘役；后果特别严重的，处五年以上有期徒刑。

违反国家规定，对计算机信息系统中存储、处理或者传输的数据和应用程序进行删除、修改、增加的操作，后果严重的，依照前款的规定处罚。

故意制作、传播计算机病毒等破坏性程序，影响计算机系统正常运行，后果严重的，依照第一款的规定处罚。

第二百八十七条　利用计算机实施金融诈骗、盗窃、贪污、挪用公款、窃取国家秘密或者其他犯罪的，依照本法有关规定定罪处罚。

……

四、计算机信息网络国际联网安全保护管理办法

1997 年 12 月 11 日国务院批准《计算机信息网络国际联网安全保护管理办法》，公安部于 1997 年 12 月 16 日公安部令（第 33 号）发布，于 1997 年 12 月 30 日实施，根据 2011 年 1 月 8 日《国务院关于废止和修改部分行政法规的决定》修订。

计算机信息网络国际联网安全保护管理办法
第一章　总则

第一条　为了加强对计算机信息网络国际联网的安全保护，维护公共秩序和社会稳定，根据《中华人民共和国计算机信息系统安全保护条例》、《中华人民共和国计算机信息网络国际联网管理暂行规定》和其他法律、行政法规的规定，制定本办法。

第二条　中华人民共和国境内的计算机信息网络国际联网安全保护管理，适用本办法。

第三条　公安部计算机管理监察机构负责计算机信息网络国际联网的安全保护管理工作。公安机关计算机管理监察机构应当保护计算机信息网络国

际联网的公共安全，维护从事国际联网业务的单位和个人的合法权益和公众利益。

第四条 任何单位和个人不得利用国际联网危害国家安全、泄露国家秘密，不得侵犯国家的、社会的、集体的利益和公民的合法权益，不得从事违法犯罪活动。

第五条 任何单位和个人不得利用国际联网制作、复制、查阅和传播下列信息：

（一）煽动抗拒、破坏宪法和法律、行政法规实施的；

（二）煽动颠覆国家政权，推翻社会主义制度的；

（三）煽动分裂国家、破坏国家统一的；

（四）煽动民族仇恨、民族歧视，破坏民族团结的；

（五）捏造或者歪曲事实，散布谣言，扰乱社会秩序的；

（六）宣扬封建迷信、淫秽、色情、赌博、暴力、凶杀、恐怖，教唆犯罪的；

（七）公然侮辱他人或者捏造事实诽谤他人的；

（八）损害国家机关信誉的；

（九）其他违反宪法和法律、行政法规的。

第六条 任何单位和个人不得从事下列危害计算机信息网络安全的活动：

（一）未经允许，进入计算机信息网络或者使用计算机信息网络资源的；

（二）未经允许，对计算机信息网络功能进行删除、修改或者增加的；

（三）未经允许，对计算机信息网络中存储、处理或者传输的数据和应用程序进行删除、修改或者增加的；

（四）故意制作、传播计算机病毒等破坏性程序的；

（五）其他危害计算机信息网络安全的。

第七条 用户的通信自由和通信秘密受法律保护。任何单位和个人不得违反法律规定，利用国际联网侵犯用户的通信自由和通信秘密。

第二章　安全保护责任

第八条 从事国际联网业务的单位和个人应当接受公安机关的安全监督、检查和指导，如实向公安机关提供有关安全保护的信息、资料及数据文件，协助公安机关查处通过国际联网的计算机信息网络的违法犯罪行为。

第九条 国际出入口信道提供单位、互联单位的主管部门或者主管单位，应当依照法律和国家有关规定负责国际出入口信道、所属互联网络的安全保护管理工作。

第十条 互联单位、接入单位及使用计算机信息网络国际联网的法人和其他组织应当履行下列安全保护职责：

（一）负责本网络的安全保护管理工作，建立健全安全保护管理制度；

（二）落实安全保护技术措施，保障本网络的运行安全和信息安全；

（三）负责对本网络用户的安全教育和培训；

（四）对委托发布信息的单位和个人进行登记，并对所提供的信息内容按照本办法第五条进行审核；

（五）建立计算机信息网络电子公告系统的用户登记和信息管理制度；

（六）发现有本办法第四条、第五条、第六条、第七条所列情形之一的，应当保留有关原始记录，并在 24 小时内向当地公安机关报告；

（七）按照国家有关规定，删除本网络中含有本办法第五条内容的地址、目录或者关闭服务器。

第十一条 用户在接入单位办理入网手续时，应当填写用户备案表。备案表由公安部监制。

第十二条 互联单位、接入单位、使用计算机信息网络国际联网的法人和其他组织（包括跨省、自治区、直辖市联网的单位和所属的分支机构），应当自网络正式联通之日起 30 日内，到所在地的省、自治区、直辖市人民政府公安机关指定的受理机关办理备案手续。前款所列单位应当负责将接入本网络的接入单位和用户情况报当地公安机关备案，并及时报告本网络中接入单位和用户的变更情况。

第十三条 使用公用账号的注册者应当加强对公用账号的管理，建立账号使用登记制度。用户账号不得转借、转让。

第十四条 涉及国家事务、经济建设、国防建设、尖端科学技术等重要领域的单位办理备案手续时，应当出具其行政主管部门的审批证明。前款所列单位的计算机信息网络与国际联网，应当采取相应的安全保护措施。

第三章　安全监督

第十五条 省、自治区、直辖市公安厅（局），地（市）、县（市）公安局，应当有相应机构负责国际联网的安全保护管理工作。

第十六条 公安机关计算机管理监察机构应当掌握互联单位、接入单位和用户的备案情况，建立备案档案，进行备案统计，并按照国家有关规定逐级上报。

第十七条 公安机关计算机管理监察机构应当督促互联单位、接入单位及有关用户建立健全安全保护管理制度。监督、检查网络安全保护管理以及技术措施的落实情况。公安机关计算机管理监察机构在组织安全检查时，有关单位应当派人参加。公安机关计算机管理监察机构对安全检查发现的问题，应当提出改进意见，作出详细记录，存档备查。

第十八条　公安机关计算机管理监察机构发现含有本办法第五条所列内容的地址、目录或者服务器时，应当通知有关单位关闭或者删除。

第十九条　公安机关计算机管理监察机构应当负责追踪和查处通过计算机信息网络的违法行为和针对计算机信息网络的犯罪案件，对违反本办法第四条、第七条规定的违法犯罪行为，应当按照国家有关规定移送有关部门或者司法机关处理。

第四章　法律责任

第二十条　违反法律、行政法规，有本办法第五条、第六条所列行为之一的，由公安机关给予警告，有违法所得的，没收违法所得，对个人可以并处 5000 元以下的罚款，对单位可以并处 1.5 万元以下的罚款；情节严重的，并可以给予 6 个月以内停止联网、停机整顿的处罚，必要时可以建议原发证、审批机构吊销经营许可证或者取消联网资格；构成违反治安管理行为的，依照治安管理处罚法的规定处罚；构成犯罪的，依法追究刑事责任。

第二十一条　有下列行为之一的，由公安机关责令限期改正，给予警告，有违法所得的，没收违法所得；在规定的限期内未改正的，对单位的主管负责人员和其他直接责任人员可以并处 5000 元以下的罚款，对单位可以并处 1.5 万元以下的罚款；情节严重的，并可以给予 6 个月以内的停止联网、停机整顿的处罚，必要时可以建议原发证、审批机构吊销经营许可证或者取消联网资格。

（一）未建立安全保护管理制度的；

（二）未采取安全技术保护措施的；

（三）未对网络用户进行安全教育和培训的；

（四）未提供安全保护管理所需信息、资料及数据文件，或者所提供内容不真实的；

（五）对委托其发布的信息内容未进行审核或者对委托单位和个人未进行登记的；

（六）未建立电子公告系统的用户登记和信息管理制度的；

（七）未按照国家有关规定，删除网络地址、目录或者关闭服务器的；

（八）未建立公用账号使用登记制度的；

（九）转借、转让用户账号的。

第二十二条　违反本办法第四条、第七条规定的，依照有关法律、法规予以处罚。

第二十三条　违反本办法第十一条、第十二条规定，不履行备案职责的，由公安机关给予警告或者停机整顿不超过 6 个月的处罚。

第五章　附则

第二十四条　与香港特别行政区和台湾、澳门地区联网的计算机信息网络的安全保护管理，参照本办法执行。

第二十五条　本办法自 1997 年 12 月 30 日起施行。

五、中华人民共和国计算机信息系统安全保护条例

1994 年 2 月 18 日国务院发布《中华人民共和国计算机信息系统安全保护条例》(国务院令第 147 号)，根据 2011 年 1 月 8 日《国务院关于废止和修改部分行政法规的决定》修订。

中华人民共和国计算机信息系统安全保护条例
第一章　总则

第一条　为了保护计算机信息系统的安全，促进计算机的应用和发展，保障社会主义现代化建设的顺利进行，制定本条例。

第二条　本条例所称的计算机信息系统，是指由计算机及其相关的和配套的设备、设施(含网络)构成的，按照一定的应用目标和规则对信息进行采集、加工、存储、传输、检索等处理的人机系统。

第三条　计算机信息系统的安全保护，应当保障计算机及其相关的和配套的设备、设施(含网络)的安全，运行环境的安全，保障信息的安全，保障计算机功能的正常发挥，以维护计算机信息系统的安全运行。

第四条　计算机信息系统的安全保护工作，重点维护国家事务、经济建设、国防建设、尖端科学技术等重要领域的计算机信息系统的安全。

第五条　中华人民共和国境内的计算机信息系统的安全保护，适用本条例。未联网的微型计算机的安全保护办法，另行制定。

第六条　公安部主管全国计算机信息系统安全保护工作。

国家安全部、国家保密局和国务院其他有关部门，在国务院规定的职责范围内做好计算机信息系统安全保护的有关工作。

第七条　任何组织或者个人，不得利用计算机信息系统从事危害国家利益、集体利益和公民合法利益的活动，不得危害计算机信息系统的安全。

第二章　安全保护制度

第八条　计算机信息系统的建设和应用，应当遵守法律、行政法规和国家其他有关规定。

第九条　计算机信息系统实行安全等级保护。安全等级的划分标准和安全等级保护的具体办法，由公安部会同有关部门制定。

第十条 计算机机房应当符合国家标准和国家有关规定。在计算机机房附近施工，不得危害计算机信息系统的安全。

第十一条 进行国际联网的计算机信息系统，由计算机信息系统的使用单位报省级以上人民政府公安机关备案。

第十二条 运输、携带、邮寄计算机信息媒体进出境的，应当如实向海关申报。

第十三条 计算机信息系统的使用单位应当建立健全安全管理制度，负责本单位计算机信息系统的安全保护工作。

第十四条 对计算机信息系统中发生的案件，有关使用单位应当在24小时内向当地县级以上人民政府公安机关报告。

第十五条 对计算机病毒和危害社会公共安全的其他有害数据的防治研究工作，由公安部归口管理。

第十六条 国家对计算机信息系统安全专用产品的销售实行许可证制度。具体办法由公安部会同有关部门制定。

第三章 安全监督

第十七条 公安机关对计算机信息系统安全保护工作行使下列监督职权：

（一）监督、检查、指导计算机信息系统安全保护工作；

（二）查处危害计算机信息系统安全的违法犯罪案件；

（三）履行计算机信息系统安全保护工作的其他监督职责。

第十八条 公安机关发现影响计算机信息系统安全的隐患时，应当及时通知使用单位采取安全保护措施。

第十九条 公安部在紧急情况下，可以就涉及计算机信息系统安全的特定事项发布专项通令。

第四章 法律责任

第二十条 违反本条例的规定，有下列行为之一的，由公安机关处以警告或者停机整顿：

（一）违反计算机信息系统安全等级保护制度，危害计算机信息系统安全的；

（二）违反计算机信息系统国际联网备案制度的；

（三）不按照规定时间报告计算机信息系统中发生的案件的；

（四）接到公安机关要求改进安全状况的通知后，在限期内拒不改进的；

（五）有危害计算机信息系统安全的其他行为的。

第二十一条 计算机机房不符合国家标准和国家其他有关规定的，或者在计算机机房附近施工危害计算机信息系统安全的，由公安机关会同有关单位进行处理。

第二十二条　运输、携带、邮寄计算机信息媒体进出境，不如实向海关申报的，由海关依照《中华人民共和国海关法》和本条例以及其他有关法律、法规的规定处理。

第二十三条　故意输入计算机病毒以及其他有害数据危害计算机信息系统安全的，或者未经许可出售计算机信息系统安全专用产品的，由公安机关处以警告或者对个人处以 5000 元以下的罚款、对单位处以 1.5 万元以下的罚款；有违法所得的，除予以没收外，可以处以违法所得 1 至 3 倍的罚款。

第二十四条　违反本条例的规定，构成违反治安管理行为的，依照《中华人民共和国治安管理处罚法》的有关规定处罚；构成犯罪的，依法追究刑事责任。

第二十五条　任何组织或者个人违反本条例的规定，给国家、集体或者他人财产造成损失的，应当依法承担民事责任。

第二十六条　当事人对公安机关依照本条例所作出的具体行政行为不服的，可以依法申请行政复议或者提起行政诉讼。

第二十七条　执行本条例的国家公务员利用职权，索取、收受贿赂或者有其他违法、失职行为，构成犯罪的，依法追究刑事责任；尚不构成犯罪的，给予行政处分。

第五章　附则

第二十八条　本条例下列用语的含义：

计算机病毒，是指编制或者在计算机程序中插入的破坏计算机功能或者毁坏数据，影响计算机使用，并能自我复制的一组计算机指令或者程序代码。

计算机信息系统安全专用产品，是指用于保护计算机信息系统安全的专用硬件和软件产品。

第二十九条　军队的计算机信息系统安全保护工作，按照军队的有关法规执行。

第三十条　公安部可以根据本条例制定实施办法。

第三十一条　本条例自发布之日起施行。

六、中共中央保密委员会办公室、国家保密局关于国家秘密载体保密管理的规定

2000 年 12 月 7 日中央办公厅、国务院办公厅发布《中共中央保密委员会办公室、国家保密局关于国家秘密载体保密管理的规定》(厅字〔2000〕58 号)。

中共中央保密委员会办公室、国家保密局关于国家秘密载体保密管理的规定

第一章　总则

第一条　为加强国家秘密载体的保密管理，确保国家秘密的安全，根据《中华人民共和国保守国家秘密法》及其实施办法，制定本规定。

第二条　本规定所称国家秘密载体(以下简称秘密载体)，是指以文字、数据、符号、图形、图像、声音等方式记载国家秘密信息的纸介质、磁介质、光盘等各类物品。磁介质载体包括计算机硬盘、软盘和录音带、录像带等。

第三条　本规定适用于负责制作、收发、传递、使用、保存和销毁秘密载体的所有机关、单位(以下统称涉密机关、单位)。

第四条　秘密载体的保密管理，遵循严格管理、严密防范、确保安全、方便工作的原则。

第五条　涉密机关、单位应当指定专门机构或人员负责本机关、单位秘密载体的日常管理工作。

第六条　各级保密工作部门对所辖行政区域内涉密机关、单位执行本规定负有指导、监督、检查的职责。

上级机关对下级机关、单位执行本规定负有指导、监督、检查的职责。

涉密机关、单位的保密工作机构对本机关、单位执行本规定负有指导、监督、检查的职责。

第二章　秘密载体的制作

第七条　制作秘密载体，应当依照有关规定标明密级和保密期限，注明发放范围及制作数量，绝密级、机密级的应当编排顺序号。

第八条　纸介质秘密载体应当在本机关、单位内部文印室或保密工作部门审查批准的定点单位印制。

磁介质、光盘等秘密载体应当在本机关、单位内或保密工作部门审查批准的单位制作。

第九条　制作秘密载体过程中形成的不需归档的材料，应当及时销毁。

第十条　制作秘密载体的场所应当符合保密要求。使用电子设备的应当采取防电磁泄漏的保密措施。

第三章　秘密载体的收发与传递

第十一条　收发秘密载体，应当履行清点、登记、编号、签收等手续。

第十二条　传递秘密载体，应当选择安全的交通工具和交通路线，并采取相应的安全保密措施。

第十三条　传递秘密载体，应当包装密封；秘密载体的信封或者袋牌上

应当标明密级、编号和收发件单位名称。

使用信封封装绝密级秘密载体时，应当使用由防透视材料制作的、周边缝有韧线的信封，信封的封口及中缝处应当加盖密封章或加贴密封条；使用袋子封装时，袋子的接缝处应当使用双线缝纫，袋口应当用铅志进行双道密封。

第十四条 传递秘密载体，应当通过机要交通、机要通信或者指派专人进行，不得通过普通邮政或非邮政渠道传递；设有机要文件交换站的城市，在市内传递机密级、秘密级秘密载体，可以通过机要文件交换站进行。

第十五条 传递绝密级秘密载体，必须按下列规定办理：

(一)送往外地的绝密级秘密载体，通过机要交通、机要通信递送。

中央部级以上，省(自治区、直辖市)、计划单列市厅级以上和解放军驻直辖市、省会(首府)、计划单列市的军级以上单位及经批准地区的要害部门相互来往的绝密级秘密载体，由机要交通传递。

不属于以上范围的绝密级秘密载体由机要通信传递。

(二)在本地传递绝密级秘密载体，由发件或收件单位派专人直接传递。

(三)传递绝密级秘密载体，实行二人护送制。

第十六条 向我驻外机构传递秘密载体，应当按照有关规定履行审批手续，通过外交信使传递。

第十七条 采用现代通信及计算机网络等手段传输国家秘密信息，应当遵守有关保密规定。

第四章 秘密载体的使用

第十八条 涉密机关、单位收到秘密载体后，由主管领导根据秘密载体的密级和制发机关、单位的要求及工作的实际需要，确定本机关、单位知悉该国家秘密人员的范围。任何机关、单位和个人不得擅自扩大国家秘密的知悉范围。

涉密机关、单位收到绝密级秘密载体后，必须按照规定的范围组织阅读和使用，并对接触和知悉绝密级秘密载体内容的人员做出文字记载。

第十九条 阅读和使用秘密载体应当在符合保密要求的办公场所进行；确需在办公场所以外阅读和使用秘密载体的，应当遵守有关保密规定。

阅读和使用绝密级秘密载体必须在指定的符合保密要求的办公场所进行。

第二十条 阅读和使用秘密载体，应当办理登记、签收手续，管理人员要随时掌握秘密载体的去向。

第二十一条 传达国家秘密时，凡不准记录、录音、录像的，传达者应当事先申明。

第二十二条　复制秘密载体，应当按照下列规定办理：

（一）复制绝密级秘密载体，应当经密级确定机关、单位或其上级机关批准；

（二）复制制发机关、单位允许复制的机密、秘密级秘密载体，应当经本机关、单位的主管领导批准；

（三）复制秘密载体，不得改变其密级、保密期限和知悉范围；

（四）复制秘密载体，应当履行登记手续；复制件应当加盖复制机关、单位的戳记，并视同原件管理；

（五）涉密机关、单位不具备复制条件的，应当到保密工作部门审查批准的定点单位复制秘密载体。

第二十三条　汇编秘密文件、资料，应当经原制发机关、单位批准，未经批准不得汇编。

经批准汇编秘密文件、资料时，不得改变原件的密级、保密期限和知悉范围；确需改变的，应当经原制发机关、单位同意。

汇编秘密文件、资料形成的秘密载体，应当按其中的最高密级和最长保密期限标志和管理。

第二十四条　摘录、引用国家秘密内容形成的秘密载体，应当按原件的密级、保密期限和知悉范围管理。

第二十五条　因工作确需携带秘密载体外出，应当符合下列要求：

（一）采取保护措施，使秘密载体始终处于携带人的有效控制之下；

（二）携带绝密级秘密载体应当经本机关、单位主管领导批准，并有二人以上同行；

（三）参加涉外活动不得携带秘密载体；因工作确需携带的，应当经本机关、单位主管领导批准，并采取严格的安全保密措施；禁止携带绝密级秘密载体参加涉外活动。

第二十六条　禁止将绝密级秘密载体携带出境；因工作需要携带机密级、秘密级秘密载体出境的，应当按照有关保密规定办理批准和携带手续。

携带涉密便携式计算机出境，按前款规定办理。

第五章　秘密载体的保存

第二十七条　保存秘密载体，应当选择安全保密的场所和部位，并配备必要的保密设备。

绝密级秘密载体应当在安全可靠的保密设备中保存，并由专人管理。

第二十八条　工作人员离开办公场所，应当将秘密载体存放在保密设备里。

第二十九条　涉密机关、单位每年应定期对当年所存秘密载体进行清查、核对，发现问题及时向保密工作部门报告。

按照规定应当清退的秘密载体，应及时如数清退，不得自行销毁。

第三十条　涉密人员、秘密载体管理人员离岗、离职前，应当将所保管的秘密载体全部清退，并办理移交手续。

第三十一条　需要归档的秘密载体，应当按照国家有关档案法律规定归档。

第三十二条　被撤销或合并的涉密机关、单位，应当将秘密载体移交给承担其原职能的机关、单位或上级机关，并履行登记、签收手续。

第六章　秘密载体的销毁

第三十三条　销毁秘密载体，应当经本机关、单位主管领导审核批准，并履行清点、登记手续。

第三十四条　销毁秘密载体，应当确保秘密信息无法还原。

销毁纸介质秘密载体，应当采用焚毁、化浆等方法处理；使用碎纸机销毁的，应当使用符合保密要求的碎纸机；送造纸厂销毁的，应当送保密工作部门指定的厂家销毁，并由送件单位二人以上押运和监销。

销毁磁介质、光盘等秘密载体，应当采用物理或化学的方法彻底销毁。

第三十五条　禁止将秘密载体作为废品出售。

第七章　罚则

第三十六条　涉密人员或秘密载体的管理人员违反本规定，情节轻微的，由本机关、单位的保密工作机构给予批评教育；情节严重、造成重大泄密隐患的，保密工作部门应当给予通报批评，所在单位应当将其调离涉密岗位。

涉密机关、单位违反本规定造成泄密隐患的，由其所在行政区域的保密工作部门或所在系统的上级保密工作机构发出限期整改通知书；该机关、单位应当在接到通知书后30日内提出整改方案和措施，消除泄密隐患，并向保密工作部门或保密工作机构写出书面报告。

第三十七条　违反本规定泄露国家秘密的，按照有关规定给予责任人行政或党纪处分；情节严重构成犯罪的，依法追究刑事责任。

第八章　附则

第三十八条　用于记录秘密载体收发、使用、清退、销毁的登记簿，应当由有关部门指定专人妥善保管。

第三十九条　国家秘密设备和产品按照《国家秘密设备、产品的保密规定》管理。

第四十条　本规定由国家保密局负责解释。

第四十一条 本规定自 2001 年 1 月 1 日起施行。已有的秘密载体保密管理规定，凡与本规定不一致的，以本规定为准。

七、全国人民代表大会常务委员会关于维护互联网安全的决定

2000 年 12 月 28 日第九届全国人民代表大会常务委员会第十九次会议通过《全国人民代表大会常务委员会关于维护互联网安全的决定》。

全国人民代表大会常务委员会关于维护互联网安全的决定

（2000 年 12 月 28 日第九届全国人民代表大会常务委员会第十九次会议通过）

我国的互联网，在国家大力倡导和积极推动下，在经济建设和各项事业中得到日益广泛的应用，使人们的生产、工作、学习和生活方式已经开始并将继续发生深刻的变化，对于加快我国国民经济、科学技术的发展和社会服务信息化进程具有重要作用。同时，如何保障互联网的运行安全和信息安全问题已经引起全社会的普遍关注。为了兴利除弊，促进我国互联网的健康发展，维护国家安全和社会公共利益，保护个人、法人和其他组织的合法权益，特作如下决定：

一、为了保障互联网的运行安全，对有下列行为之一，构成犯罪的，依照刑法有关规定追究刑事责任：

（一）侵入国家事务、国防建设、尖端科学技术领域的计算机信息系统；

（二）故意制作、传播计算机病毒等破坏性程序，攻击计算机系统及通信网络，致使计算机系统及通信网络遭受损害；

（三）违反国家规定，擅自中断计算机网络或者通信服务，造成计算机网络或者通信系统不能正常运行。

二、为了维护国家安全和社会稳定，对有下列行为之一，构成犯罪的，依照刑法有关规定追究刑事责任：

（一）利用互联网造谣、诽谤或者发表、传播其他有害信息，煽动颠覆国家政权、推翻社会主义制度，或者煽动分裂国家、破坏国家统一；

（二）通过互联网窃取、泄露国家秘密、情报或者军事秘密；

（三）利用互联网煽动民族仇恨、民族歧视，破坏民族团结；

（四）利用互联网组织邪教组织、联络邪教组织成员，破坏国家法律、行政法规实施。

三、为了维护社会主义市场经济秩序和社会管理秩序，对有下列行为之一，构成犯罪的，依照刑法有关规定追究刑事责任：

（一）利用互联网销售伪劣产品或者对商品、服务作虚假宣传；

（二）利用互联网损坏他人商业信誉和商品声誉；

（三）利用互联网侵犯他人知识产权；

（四）利用互联网编造并传播影响证券、期货交易或者其他扰乱金融秩序的虚假信息；

（五）在互联网上建立淫秽网站、网页，提供淫秽站点链接服务；或者传播淫秽书刊、影片、音像、图片。

四、为了保护个人、法人和其他组织的人身、财产等合法权利，对有下列行为之一，构成犯罪的，依照刑法有关规定追究刑事责任：

（一）利用互联网侮辱他人或者捏造事实诽谤他人；

（二）非法截获、篡改、删除他人电子邮件或者其他数据资料，侵犯公民通信自由和通信秘密；

（三）利用互联网进行盗窃、诈骗、敲诈勒索。

五、利用互联网实施本决定第一条、第二条、第三条、第四条所列行为以外的其他行为，构成犯罪的，依照刑法有关规定追究刑事责任。

六、利用互联网实施违法行为，违反社会治安管理，尚不构成犯罪的，由公安机关依照《治安管理处罚法》予以处罚；违反其他法律、行政法规，尚不构成犯罪的，由有关行政管理部门依法给予行政处罚；对直接负责的主管人员和其他直接责任人员，依法给予行政处分或者纪律处分。

利用互联网侵犯他人合法权益，构成民事侵权的，依法承担民事责任。

七、各级人民政府及有关部门要采取积极措施，在促进互联网的应用和网络技术的普及过程中，重视和支持对网络安全技术的研究和开发，增强网络的安全防护能力。有关主管部门要加强对互联网的运行安全和信息安全的宣传教育，依法实施有效的监督管理，防范和制止利用互联网进行的各种违法活动，为互联网的健康发展创造良好的社会环境。从事互联网业务的单位要依法开展活动，发现互联网上出现违法犯罪行为和有害信息时，要采取措施，停止传输有害信息，并及时向有关机关报告。任何单位和个人在利用互联网时，都要遵纪守法，抵制各种违法犯罪行为和有害信息。人民法院、人民检察院、公安机关、国家安全机关要各司其职，密切配合，依法严厉打击利用互联网实施的各种犯罪活动。要动员全社会的力量，依靠全社会的共同努力，保障互联网的运行安全与信息安全，促进社会主义精神文明和物质文明建设。

八、关于加强党政机关网站安全管理的通知

2014 年 05 月 10 日中央网信办发布《关于加强党政机关网站安全管理工作的通知》（中网办发文〔2014〕1 号）。

关于加强党政机关网站安全管理的通知

中网办发文〔2014〕1号

各省、自治区、直辖市网络安全和信息化领导小组，中央和国家机关各部委，各人民团体：

为提高党政机关网站安全防护水平，保障和促进党政机关网站建设，经中央网络安全和信息化领导小组同意，现就加强党政机关网站安全管理通知如下。

一、充分认识加强党政机关网站安全管理的重要性和紧迫性

随着信息技术的广泛深入应用，特别是电子政务的不断发展，党政机关网站作用日益突出，已经成为宣传党的路线方针政策、公开政务信息的重要窗口，成为各级党政机关履行社会管理和公共服务职能、为民办事和了解掌握社情民意的重要平台。近年来，各地区各部门按照党中央、国务院的要求，在推进党政机关网站建设的同时，认真做好网站安全管理工作，保证了党政机关网站作用的发挥。但也要看到，当前党政机关网站安全管理工作中还存在一些亟待解决的问题，主要表现为：管理制度不健全，开办审批不严格，一些不具备资格的机构注册开办党政机关网站，还有一些不法分子仿冒党政机关网站，严重影响党和政府形象，侵害公众利益；一些单位对网站安全管理重视不够，安全投入相对不足，安全防护手段滞后，安全保障能力不强，网站被攻击、内容被篡改以及重要敏感信息泄露等事件时有发生；一些网站信息发布、转载、链接管理制度不严格，信息内容缺乏严肃性，保密审查制度不落实；党政机关电子邮件安全管理要求不明确，人员安全意识不强，邮件系统被攻击利用、通过电子邮件传输国家秘密信息等问题比较严重，威胁国家网络安全。

随着党政机关网站承载的业务不断增加，涉及政务信息、商业秘密和个人信息的内容越来越多，党政机关网站及电子邮件系统日益成为不法分子和各种犯罪组织的重点攻击对象，安全管理面临更大挑战。各级党政机关要充分认识加强党政机关网站安全管理的重要性和紧迫性，保持清醒头脑，克服麻痹思想，采取有效措施，确保党政机关网站安全运行、健康发展。

二、严格党政机关网站的开办审核

明确党政机关网站开办条件和审核要求。各级党政机关以及人大、政协、法院、检察院等机关和部门，开办的党政机关网站主要任务是宣传党和国家方针政策、发布政务信息、开展网上办事。不具有行政管理职能的事业单位原则上不得开办党政机关网站，企业、个人以及其他社会组织不得开办党政机关网站。党政机关网站要使用以".gov.cn"、".政务.cn"或".政务"为结尾的域名，并及时备案。规范党政机关网站域名和网站名称。各省、自治区、直辖市机构编制部门会同同级网络安全和信息化领导小组办公室负责党政机关网站开办审核工作，2015 年前，要组织完成党政机关网站开办资格复核。中央机构编制委员会办公室电子政务中心、中国互联网络信息中心配合做好党政机关网站开办审核和资格复核工作，不受理未通过审核的域名注册申请，及时清理没有通过资格复核的已注册党政机关网站域名。

加强党政机关网站建设的统筹规划和资源共享。中央和国家机关各部委要统筹规划本部门及直属机构的党政机关网站建设。提倡各地区采取集约化模式建设党政机关网站，县级党政机关各部门以及乡镇党政机关可利用上级党政机关网站平台，原则上不单独建设党政机关网站。

为党政机关提供网站和邮件服务的数据中心、云计算服务平台等要设在境内。采购和使用社会力量提供的网站和电子邮件等服务时，应进行网络安全审查，加强安全监管。

三、严格党政机关网站信息发布、转载和链接管理

党政机关网站发布的信息主要是本地区本部门本系统的有关政策规定、政务信息、办事指南、便民服务信息等。各地区各部门要建立健全网站信息发布审核和保密审查制度，明确审核审查程序，指定机构和人员负责审核审查工作，建立审核审查记录档案，确保信息内容的准确性、真实性和严肃性，确保信息内容不涉及国家秘密和内部敏感信息。发布政务信息要严格执行有关规定，信息发布审查过程中，要充分考虑各种信息之间的关联性，防止由于数据汇聚而泄露国家秘密或内部敏感信息。党政机关网站原则上不承担与本地区本部门本系统无关的新闻信息采集和发布义务，不得发布广告等经营性信息，严禁发布违反国家规定的信息以及低俗、庸俗、媚俗信息内容。

党政机关网站转载的信息应与政务等履行职能的活动相关，并评估内容的真实性和客观性，充分考虑知识产权保护等问题。加强网站链接管理，定期检查链接的有效性和适用性。需要链接非党政机关网站的，须经本单位分管网站安全工作的负责同志批准，链接的资源应与政务等履行职能的活动相关，或者属于便民服务的范围。采取技术措施，做到在用户点击链接离开党政机关网站时予以明确提示。

四、强化党政机关网站应用安全管理

积极利用新技术提升党政机关网站服务能力和水平，充分考虑可能带来的安全风险和隐患，有针对性地采取防范措施。网站开通前要进行安全测评，新增栏目、功能要进行安全评估。加强对网站系统软件、管理软件、应用软件的安全配置管理，做好安全防护工作，消除安全隐患。

加强党政机关网站中留言评论等互动栏目管理，按照信息发布审核和保密审查的要求，对拟发布内容进行审核审查。严格对博客、微博等服务的管理，博客、微博申请注册人员原则上应限于本单位工作人员，信息发布要署实名，内容应与所从事的工作相关。党政机关网站原则上不开办对社会开放的论坛等服务，确需开办的要严格报批并加强管理。

严格遵守相关规定、标准和协议要求，加强党政机关网站中重要政务信息、商业秘密和个人信息的保护，防止未经授权使用、修改和泄露。

五、建立党政机关网站标识制度

建立和规范党政机关网站标识，有助于公众识别、区分党政机关网站和非党政机关网站，发现和打击仿冒党政机关网站，有助于保证党政机关网站的权威性、严肃性。中央机构编制委员会办公室会同有关部门抓紧设计党政机关网站统一标识，组织制定党政机关网站标识使用规范。党政机关网站标识应按要求放置，非党政机关网站不得使用。

加大对仿冒党政机关网站行为的监测力度。科技部、工业和信息化部要组织研制专门技术工具，自动监测发现盗用党政机关网站标识行为和仿冒的党政机关网站。国家互联网信息办公室要组织网络等媒体加强宣传教育，提高公众识别真假党政机关网站的能力。违法和不良信息举报中心受理仿冒党政机关网站举报并组织处置，各单位发现仿冒党政机关网站以及攻击破坏党政机关网站的行为要及时报告；涉嫌违法犯罪的，由公安机关依法处理。

六、加强党政机关电子邮件安全管理

党政机关工作人员要利用本单位网站邮箱等专用电子邮件系统处理业务工作。严格党政机关专用电子邮件系统注册审批与登记，各单位网站邮箱原则上只限于本单位工作人员注册使用，人员离职后应注销电子邮件账号。各地方可通过统一建设、共享使用的模式，建设党政机关专用电子邮件系统，为本地区党政机关提供电子邮件服务。

加强电子邮件系统安全防护，综合运用管理和技术措施保障邮件安全。严格电子邮件使用管理，明确电子邮件账号、密码管理要求，不得使用简单密码或长期不更换密码，有条件的单位，应使用数字证书等手段提高邮件账户安全性，防止电子邮件账号被攻击盗用。严禁通过互联网电子邮箱办理涉密业务，存储、处理、转发国家秘密信息和重要敏感信息。

七、加强党政机关网站技术防护体系建设

各地区各部门在规划建设党政机关网站时，应按照同步规划、同步建设、同步运行的要求，参照国家有关标准规范，从业务需求出发，建立以网页防篡改、域名防劫持、网站防攻击以及密码技术、身份认证、访问控

制、安全审计等为主要措施的网站安全防护体系。切实落实信息安全等级保护等制度要求，做好党政机关网站定级、备案、建设、整改和管理工作，加强党政机关网站移动应用安全管理，提高网站防篡改、防病毒、防攻击、防瘫痪、防泄密能力。

制定完善党政机关网站安全应急预案，明确应急处置流程、处置权限，落实应急技术支撑队伍，强化技能训练，开展网站应急演练，提高应急处置能力。合理建设或利用社会专业灾备设施，做好党政机关网站灾备工作。采取有效措施提高党政机关网站域名解析安全保障能力。统筹组织专业技术力量对中央和国家机关网站开展日常安全监测，各省、自治区、直辖市网络安全和信息化领导小组办公室要结合本地实际，组织开展对本地区重点党政机关网站的安全监测。工业和信息化部指导电信运营企业为党政机关网站安全运行提供通信保障。公安机关要加大对攻击破坏党政机关网站等违法犯罪行为的依法打击力度。国家标准委要加快制定完善有关网站、电子邮件的国家信息安全技术和管理标准。

八、加强对党政机关网站安全管理工作的组织领导

进一步明确和落实安全管理责任。各地区各部门要按照谁主管谁负责、谁运行谁负责的原则，切实承担起本地区本部门党政机关网站安全管理责任，指定一名负责同志分管相关工作，加强对网站安全的领导，明确负责网站的信息审核、保密审查、运行维护、应用管理等业务的机构和人员。加强对领导干部和工作人员的教育培训，提高安全利用网站和电子邮件的意识和技能。中央和地方网络安全和信息化领导小组办事机构要做好党政机关网站安全工作的协调、指导和督促检查。各级财政部门，立足现有经费渠道，对党政机关网站安全管理相关工作给予保障。

加大党政机关网站、电子邮件系统的安全检查力度，中央和国家机关各部门网站和省市两级党政机关门户网站、电子邮件系统等每半年进行一次全面的安全检查和风险评估。各级保密行政管理部门要加强对党政机关网站和电子邮件系统信息涉密情况的检查监管。对违反制度规定、有章不循、有禁不止，造成泄密和安全事件的要依法依纪追究当事人和有关领导的责任。

军队网站和电子邮件安全管理工作，由军队有关部门根据本通知精神另行规定。

中央网络安全和信息化领导小组办公室

2014 年 5 月 9 日

参 考 文 献

DOUGLAS JACOBSON. 2016. 网络安全基础——网络攻防、协议与安全[M].
　　仰礼友，赵红宇，译. 北京：电子工业出版社.

MAN YOUNG RHEE. 2016. 无线移动网络安全[M]. 2版. 葛秀慧，译. 北京：
　　清华大学出版社.

PW 辛格，艾伦·弗里德曼. 2015. 网络安全——输不起的互联网战争[M].
　　北京：电子工业出版社.

国家林业局办公室. 国家林业局网络信息安全应急处置预案[EB/OL]. 中国林
　　业网 http：//www. forestry. gov. cn，2010 年 7 月.

国家林业局办公室. 国家林业局信息网络和计算机安全管理办法[EB/OL]. 中
　　国林业网 http：//www. forestry. gov. cn，2010 年 7 月.

国家林业局办公室. 国家林业局中心机房管理办法[EB/OL]. 中国林业网
　　http：//www. forestry. gov. cn，2010 年 7 月.

克里斯·桑德斯. 2015. 网络安全监控：收集、检测和分析[M]. 北京：机械
　　工业出版社.

寇晓蕤，王清贤. 2016. 网络安全协议——原理、结构与应用[M]. 2版. 北
　　京：高等教育出版社.

聊聊云安全 [EB/OL]. 移安全 https：//mp. weixin. qq. com/s/UXY -
　　IWUg39h4h18NjYeCgw，2017 年 5 月.

倪荣. 2015. 浙江省医疗卫生信息安全管理案例集[M]. 北京：人民卫生出版社.

石淑华. 2016. 计算机网络案例技术[M]. 4版. 北京：人民邮电出版社.

吴翰清. 2014. 白帽子讲 Web 安全[M]. 北京：电子工业出版社.

姚汝贤，耿红琴. 2016. 网络工程案例教程[M]. 北京：电子工业出版社.

尹丽波. 2017. 世界网络安全发展报告(2016—2017)[M]. 北京：社会科学文
　　献出版社.

虞培林，王卫明. 2011. 保密法学[M]. 北京：中国政法大学出版社.

中共中央保密委员会办公室. 国家保密局关于国家秘密载体保密管理的规定
　　[EB/OL]. 人民网 http：//cpc. people. com. cn/.

中国互联网络信息中心. 2017. 第 39 次中国互联网络发展状况统计报告[EB/
　　OL]. 中国互联网信息中心 http：//www. cnnic. net. cn.

中国互联网络信息中心. 2017. 第 40 次中国互联网络发展状况统计报告[EB/
　　OL]. 中国互联网信息中心 http：//www. cnnic. net. cn.

附录一 国家网络安全管理机构

中共中央网络安全和信息化领导小组办公室(中华人民共和国国家互联网信息办公室)

中共中央网络安全和信息化领导小组办公室(http://www.cac.gov.cn/)于2014年2月27日成立。中央网信办着眼国家安全和长远发展,统筹协调涉及经济、政治、文化、社会及军事等各个领域的网络安全和信息化重大问题;研究制定网络安全和信息化发展战略、宏观规划和重大政策;推动国家网络安全和信息化法治建设,不断增强安全保障能力。

国家网络安全应急办公室(以下简称应急办)设在中央网信办,具体工作由中央网信办网络安全协调局承担。应急办负责网络安全应急跨部门、跨地区协调工作和指挥部的事务性工作,组织指导国家网络安全应急技术支撑队伍做好应急处置的技术支撑工作。有关部门派负责相关工作的司局级同志为联络员,联络应急办工作。

国家保密局

国家保密局是对政府内部的文档、资料等方面的管理,就是负责政府保密工作,查处泄密、涉密案件,保密文件,内部计算机保密及文档销毁等方面的管理。国家保密局与中央保密委员会办公室,一个机构两块牌子,列入中共中央直属机关的下属机构。

国家密码管理局

国家密码管理局(http://www.sca.gov.cn/)全称为国家商用密码管理办公室,与中央密码工作领导小组办公室,实际上是一个机构两块牌子,列入中共中央直属机关的下属机构。

中华人民共和国工业和信息化部

中华人民共和国工业和信息化部(简称工业和信息化部、工信部,http://www.miit.gov.cn/),是根据2008年3月11日公布的国务院机构改革方案,组建的国务院直属部门。工业和信息化部主要职责为:拟订实施行业规划、产业政策和标准;监测工业行业日常运行;推动重大技术装备发展和自主创新;管理通信业;指导推进信息化建设;协调维护国家信息安全等。作为行业管理部门,主要是管规划、管政策、管标准,指导行业发展,但不干预企业生产经营活动。在中国的重点大学中,工业和信息化部直属高校共7所,工业和信息化部共建高校共5所。

中华人民共和国工业和信息化部网络安全管理局

2015 年 7 月 10 日工业和信息化部通信保障局更名为工信部网络安全管理局。网络安全管理局组织拟订电信网、互联网及其相关网络与信息安全规划、政策和标准，并组织实施；承担电信网、互联网网络与信息安全技术平台的建设和使用管理；承担电信和互联网行业网络安全审查相关工作，组织推动电信网、互联网安全自主可控工作；承担建立电信网、互联网新技术新业务安全评估制度并组织实施；指导督促电信企业和互联网企业落实网络与信息安全管理责任，组织开展网络环境和信息治理，配合处理网上有害信息，配合打击网络犯罪和防范网络失窃密；拟订电信网、互联网网络安全防护政策并组织实施；承担电信网、互联网网络与信息安全监测预警、威胁治理、信息通报和应急管理与处置；承担电信网、互联网网络数据和用户信息安全保护管理工作；承担特殊通信管理，拟订特殊通信、通信管制和网络管制的政策、标准；管理党政专用通信工作。

公安部网络安全保卫局(公安部十一局)

2010 年后公安部公共信息网络安全监察局更名为公安部网络安全保卫局。网络安全保卫局负责监督、检查、指导计算机信息系统安全保护工作；组织实施计算机信息系统安全评估、审验；查处计算机违法犯罪案件；组织处置重大计算机信息系统安全事故和事件；负责计算机病毒和其他有害数据防治管理工作；对计算机信息系统安全服务和安全专用产品实施管理；负责计算机信息系统安全培训管理工作；法律、法规和规章规定的其他职责。

国家互联网信息办公室

国家互联网信息办公室成立于 2011 年 5 月，主要职责包括落实互联网信息传播方针政策和推动互联网信息传播法制建设，指导、协调、督促有关部门加强互联网信息内容管理，负责网络新闻业务及其他相关业务的审批和日常监管，指导有关部门做好网络游戏、网络视听、网络出版等网络文化领域业务布局规划，协调有关部门做好网络文化阵地建设的规划和实施工作，负责重点新闻网站的规划建设，组织、协调网上宣传工作，依法查处违法违规网站，指导有关部门督促电信运营企业、接入服务企业、域名注册管理和服务机构等做好域名注册、互联网地址(IP 地址)分配、网站登记备案、接入等互联网基础管理工作，在职责范围内指导各地互联网有关部门开展工作。

国家信息中心

国家信息中心(http：//www.sic.gov.cn/)成立于 1987 年，隶属于国家发展和改革委员会。国家信息中心(国家电子政务外网管理中心)主要负责信息化建设与发展研究及其技术支撑，宏观经济监测预测及其决策支撑，国民经济和社会发展信息资源汇集及其开发利用。

中国互联网络信息中心

中国互联网络信息中心（CNNIC，http：//www. cnnic. net. cn/）于 1997 年 6 月 3 日组建，现为中央网络安全和信息化领导小组办公室（国家互联网信息办公室）直属事业单位，行使国家互联网络信息中心职责。作为中国信息社会重要的基础设施建设者、运行者和管理者，中国互联网络信息中心负责国家网络基础资源的运行管理和服务，承担国家网络基础资源的技术研发并保障安全，开展互联网发展研究并提供咨询，促进全球互联网开放合作和技术交流，不断追求成为"专业·责任·服务"的世界一流互联网络信息中心。

国家互联网应急中心

国家计算机网络应急技术处理协调中心（简称国家互联网应急中心，http：//www. cert. org. cn/，英文简称是 CNCERT 或 CNCERT/CC），成立于 2002 年 9 月，是工业和信息化部领导下的国家级网络安全应急机构，为非政府非盈利的网络安全技术中心，是我国网络安全应急体系的核心协调机构。作为国家级应急中心，国家互联网应急中心的主要职责是：按照"积极预防、及时发现、快速响应、力保恢复"的方针，开展互联网网络安全事件的预防、发现、预警和协调处置等工作，维护国家公共互联网安全，保障基础信息网络和重要信息系统的安全运行，开展以互联网金融为代表的"互联网+"融合产业的相关安全监测工作。

国家信息技术安全研究中心

国家信息技术安全研究中心（http：//www. nitsc. cn/，以下简称中心），是经中央编制委员会批准组建的从事信息安全核心技术研究、为国家信息安全保障服务的科研单位。中心成立于 2005 年，主要承担信息技术产品/系统的安全性分析与研究；承担国家基础信息网络和重要信息系统的信息安全保障任务；研发具有自主知识产权的信息安全技术。中心履行国家信息安全保障和科研攻关双重职能。

中心是国家确定的信息安全风险评估专控队伍，是公安部指定的信息安全等级保护测评单位，是《国家网络与信息安全事件应急预案》列入的应急响应技术支撑团队，是国家发改委、公安部和国家保密局联合发文明确的国家电子政务工程建设项目非涉密系统信息安全专业测评机构，是国家 IC 卡芯片安全检测中心。中心设有总体技术研究、系统安全检测、网络渗透检测、产品安全检测、在线监测、可控技术研究、产品研发、信息安全发展研究、上海基地等业务实体和密码安全分析、硬件解剖分析联合实验室。中心拥有一支涉及多学科、多领域实力雄厚的技术队伍，形成了较强的科研攻关和技术服务能力。

中国互联网违法和不良信息举报中心

中国互联网违法和不良信息举报中心（http：//www.12377.cn/）成立于2005 年 8 月，是中央网络安全和信息化领导小组办公室（国家互联网信息办公室）直属事业单位，主要工作职责是：统筹协调全国互联网违法和不良信息举报工作；监督指导各地各网站规范开展互联网违法和不良信息举报工作；接受、协助处理公众对互联网违法和不良信息的举报；宣传动员广大网民积极参与互联网违法和不良信息举报，推动建立网络空间公众监督治理体系；开展国际交流合作，加强与境外相关机构、互联网企业、网络媒体及网站的联系，协调处理暴力恐怖、儿童色情等有害信息。

中国互联网协会

中国互联网协会（http：//www.isc.org.cn/）成立于 2001 年 5 月 25 日，由国内从事互联网行业的网络运营商、服务提供商、设备制造商、系统集成商以及科研、教育机构等 70 多家互联网从业者共同发起成立，是由中国互联网行业及与互联网相关的企事业单位自愿结成的全国性、行业性、非营利性社会组织。中国互联网协会有会员 400 多个，协会的业务主管单位是工业和信息化部，会址设在北京市。

中国网络空间安全协会

中国网络空间安全协会（Cyber Security Association of China，CSAC，https：//www.cybersac.cn/）于 2016 年 3 月 25 日在北京成立。中国网络空间安全协会是由中国国内从事网络空间安全相关产业、教育、科研、应用的机构、企业及个人共同自愿结成的全国性、行业性、非营利性社会组织，旨在发挥桥梁纽带作用，组织和动员社会各方面力量参与中国网络空间安全建设，为会员服务、为行业服务、为国家战略服务，促进中国网络空间的安全和发展。

附录二　网络安全相关法律法规列表

序号	法律法规名称	最新发布(修订)日期
1	《中华人民共和国国家安全法》	2015 年 07 月 01 日
2	《中华人民共和国网络安全法》	2016 年 11 月 07 日
3	《中华人民共和国保守国家秘密法》	2010 年 04 月 29 日
4	《中华人民共和国电子签名法》	2015 年 04 月 24 日
5	《中华人民共和国计算机信息系统安全保护条例》(国务院第 147 号令)	1994 年 02 月 18 日 2011 年 01 月 08 日
6	《中华人民共和国保守国家秘密法实施条例》(国务院第 646 号)	2014 年 01 月 17 日
7	国家互联网信息办公室发布《国家网络空间安全战略》	2016 年 12 月 27 日
8	《国家保密局关于计算机信息网络国际联网保密管理规定》(国保发〔1999〕10 号)	1999 年 12 月 27 日
9	《全国人民代表大会常务委员会关于加强网络信息保护的决定》	2000 年 12 月 28 日
10	《全国人民代表大会常务委员会关于维护互联网安全的决定》	2000 年 12 月 28 日
11	《中共中央保密委员会办公室、国家保密局关于国家秘密载体保密管理的规定》(厅字〔2000〕58 号)	2000 年 12 月 07 日
12	《国家信息化领导小组关于加强信息安全保障工作的意见》(中办发〔2003〕27 号)	2003 年 08 月 26 日
13	《关于进一步加强互联网管理工作的意见》(中办发〔2004〕32 号)	2004 年 11 月 08 日
14	《计算机信息网络国际联网安全保护管理办法》(公安部第 33 号令)	1997 年 12 月 16 日
15	《互联网信息服务管理办法》(国务院第 292 号令)	2000 年 09 月 25 日
16	《非经营性互联网信息服务备案管理办法》(信息产业部第 33 号令)	2005 年 02 月 08 日
17	《电信和互联网用户个人信息保护规定》(工信部第 24 号令)	2013 年 7 月 16 日
18	《电话用户真实身份信息登记规定》(工信部第 25 号令)	2013 年 7 月 16 日
19	《通信网络安全防护管理办法》(工信部第 11 号令)	2010 年 01 月 21 日
20	《信息安全等级保护管理办法》(公通字〔2007〕43 号)	2007 年 06 月 22 日
21	《涉及国家秘密的信息系统分级保护管理办法》(国保发〔2005〕16 号)	2005 年 03 月 25 日
22	《涉及国家秘密的信息系统审批管理规定》(国保发〔2007〕18 号)	2007 年 12 月 17 日
23	《关于加强党政机关和涉密单位网络保密管理的规定》(中办发〔2011〕11 号)	2011 年 03 月 03 日

（续）

序号	法律法规名称	最新发布(修订)日期
24	《国务院关于大力推进信息化发展和切实保障信息安全的若干意见》（国发〔2012〕23号）	2012年06月28日
25	《关于加强党政机关网站安全管理的通知》（中网办发文〔2014〕1号）	2014年05月09日
26	《关于进一步加强国家电子政务网络建设和应用工作的通知》（发改高技〔2012〕1986号）	2012年07月06日
27	《机关、单位保密自查自评工作规则(试行)》（国保发〔2014〕14号）	2014年08月01日
28	《关于加强电信和互联网行业网络安全工作的指导意见》（工信部保〔2014〕368号）	2014年08月29日
29	《信息安全等级保护测评报告模版(2015年版)》（工信安〔2014〕2866号）	2014年12月31日
30	《关于传发〈2016年公安机关网络安全执法检查工作方案〉的通知》（公传发〔2016〕256号）	2016年05月23日
31	《关于加强网络安全学科建设和人才培养的意见》（中网办〔2016〕4号）	2016年06月12日
32	中央网信办《关于开展关键信息基础设施网络安全检查的通知》（中网办〔2016〕3号）	2016年07月08日
33	《关键信息基础设施确定指南(试行)》	2016年07月20日
34	《开展2017年网络安全执法检查工作有关情况的函》（公信安〔2017〕740号）	2017年03月17日
35	国家互联网信息办公室发布《互联网新闻信息服务管理规定》	2017年05月02日
36	四部门联合发布《网络关键设备和网络安全专用产品目录(第一批)》	2017年06月01日
37	国家互联网信息办公室发布《关键信息基础设施安全保护条例(征求意见稿)》	2017年07月11日
38	《关于规范党员干部网络行为的意见》（中宣发〔2017〕20号）	2017年05月27日
39	工业和信息化部关于印发《公共互联网网络安全威胁监测与处置办法》的通知(工信部网安〔2017〕202号)	2017年08月09日
40	国家互联网信息办公室发布《互联网跟帖评论服务管理规定》	2017年08月25日
41	国家互联网信息办公室公布《互联网论坛社区服务管理规定》	2017年08月25日
42	国家互联网信息办公室发布《互联网群组信息服务管理规定》	2017年09月07日
43	国家互联网信息办公室发布《互联网用户公众账号信息服务管理规定》	2017年09月07日

附录三 国家网络安全事件应急预案

1 总则

1.1 编制目的

建立健全国家网络安全事件应急工作机制，提高应对网络安全事件能力，预防和减少网络安全事件造成的损失和危害，保护公众利益，维护国家安全、公共安全和社会秩序。

1.2 编制依据

《中华人民共和国突发事件应对法》、《中华人民共和国网络安全法》、《国家突发公共事件总体应急预案》、《突发事件应急预案管理办法》和《信息安全技术信息安全事件分类分级指南》(GB/Z 20986—2007)等相关规定。

1.3 适用范围

本预案所指网络安全事件是指由于人为原因、软硬件缺陷或故障、自然灾害等，对网络和信息系统或者其中的数据造成危害，对社会造成负面影响的事件，可分为有害程序事件、网络攻击事件、信息破坏事件、信息内容安全事件、设备设施故障、灾害性事件和其他事件。

本预案适用于网络安全事件的应对工作。其中，有关信息内容安全事件的应对，另行制定专项预案。

1.4 事件分级

网络安全事件分为四级：特别重大网络安全事件、重大网络安全事件、较大网络安全事件、一般网络安全事件。

(1)符合下列情形之一的，为特别重大网络安全事件：

①重要网络和信息系统遭受特别严重的系统损失，造成系统大面积瘫痪，丧失业务处理能力。

②国家秘密信息、重要敏感信息和关键数据丢失或被窃取、篡改、假冒，对国家安全和社会稳定构成特别严重威胁。

③其他对国家安全、社会秩序、经济建设和公众利益构成特别严重威胁、造成特别严重影响的网络安全事件。

(2)符合下列情形之一且未达到特别重大网络安全事件的，为重大网络安全事件：

①重要网络和信息系统遭受严重的系统损失，造成系统长时间中断或局部瘫痪，业务处理能力受到极大影响。

②国家秘密信息、重要敏感信息和关键数据丢失或被窃取、篡改、假冒，

对国家安全和社会稳定构成严重威胁。

③其他对国家安全、社会秩序、经济建设和公众利益构成严重威胁、造成严重影响的网络安全事件。

(3)符合下列情形之一且未达到重大网络安全事件的，为较大网络安全事件：

①重要网络和信息系统遭受较大的系统损失，造成系统中断，明显影响系统效率，业务处理能力受到影响。

②国家秘密信息、重要敏感信息和关键数据丢失或被窃取、篡改、假冒，对国家安全和社会稳定构成较严重威胁。

③其他对国家安全、社会秩序、经济建设和公众利益构成较严重威胁、造成较严重影响的网络安全事件。

(4)除上述情形外，对国家安全、社会秩序、经济建设和公众利益构成一定威胁、造成一定影响的网络安全事件，为一般网络安全事件。

1.5 工作原则

坚持统一领导、分级负责；坚持统一指挥、密切协同、快速反应、科学处置；坚持预防为主，预防与应急相结合；坚持谁主管谁负责、谁运行谁负责，充分发挥各方面力量共同做好网络安全事件的预防和处置工作。

2 组织机构与职责

2.1 领导机构与职责

在中央网络安全和信息化领导小组(以下简称领导小组)的领导下，中央网络安全和信息化领导小组办公室(以下简称中央网信办)统筹协调组织国家网络安全事件应对工作，建立健全跨部门联动处置机制，工业和信息化部、公安部、国家保密局等相关部门按照职责分工负责相关网络安全事件应对工作。必要时成立国家网络安全事件应急指挥部(以下简称指挥部)，负责特别重大网络安全事件处置的组织指挥和协调。

2.2 办事机构与职责

国家网络安全应急办公室(以下简称应急办)设在中央网信办，具体工作由中央网信办网络安全协调局承担。应急办负责网络安全应急跨部门、跨地区协调工作和指挥部的事务性工作，组织指导国家网络安全应急技术支撑队伍做好应急处置的技术支撑工作。有关部门派负责相关工作的司局级同志为联络员，联络应急办工作。

2.3 各部门职责

中央和国家机关各部门按照职责和权限，负责本部门、本行业网络和信息系统网络安全事件的预防、监测、报告和应急处置工作。

2.4 各省(区、市)职责

各省(区、市)网信部门在本地区党委网络安全和信息化领导小组统一领导下，统筹协调组织本地区网络和信息系统网络安全事件的预防、监测、报告和应急处置工作。

3 监测与预警

3.1 预警分级

网络安全事件预警等级分为四级：由高到低依次用红色、橙色、黄色和蓝色表示，分别对应发生或可能发生特别重大、重大、较大和一般网络安全事件。

3.2 预警监测

各单位按照"谁主管谁负责、谁运行谁负责"的要求，组织对本单位建设运行的网络和信息系统开展网络安全监测工作。重点行业主管或监管部门组织指导做好本行业网络安全监测工作。各省(区、市)网信部门结合本地区实际，统筹组织开展对本地区网络和信息系统的安全监测工作。各省(区、市)、各部门将重要监测信息报应急办，应急办组织开展跨省(区、市)、跨部门的网络安全信息共享。

3.3 预警研判和发布

各省(区、市)、各部门组织对监测信息进行研判，认为需要立即采取防范措施的，应当及时通知有关部门和单位，对可能发生重大及以上网络安全事件的信息及时向应急办报告。各省(区、市)、各部门可根据监测研判情况，发布本地区、本行业的橙色及以下预警。

应急办组织研判，确定和发布红色预警和涉及多省(区、市)、多部门、多行业的预警。

预警信息包括事件的类别、预警级别、起始时间、可能影响范围、警示事项、应采取的措施和时限要求、发布机关等。

3.4 预警响应

3.4.1 红色预警响应

(1)应急办组织预警响应工作，联系专家和有关机构，组织对事态发展情况进行跟踪研判，研究制定防范措施和应急工作方案，协调组织资源调度和部门联动的各项准备工作。

(2)有关省(区、市)、部门网络安全事件应急指挥机构实行24小时值班，相关人员保持通信联络畅通。加强网络安全事件监测和事态发展信息搜集工作，组织指导应急支撑队伍、相关运行单位开展应急处置或准备、风险评估和控制工作，重要情况报应急办。

(3)国家网络安全应急技术支撑队伍进入待命状态，针对预警信息研究制定应对方案，检查应急车辆、设备、软件工具等，确保处于良好状态。

3.4.2　橙色预警响应

(1)有关省(区、市)、部门网络安全事件应急指挥机构启动相应应急预案，组织开展预警响应工作，做好风险评估、应急准备和风险控制工作。

(2)有关省(区、市)、部门及时将事态发展情况报应急办。应急办密切关注事态发展，有关重大事项及时通报相关省(区、市)和部门。

(3)国家网络安全应急技术支撑队伍保持联络畅通，检查应急车辆、设备、软件工具等，确保处于良好状态。

3.4.3　黄色、蓝色预警响应

有关地区、部门网络安全事件应急指挥机构启动相应应急预案，指导组织开展预警响应。

3.5　预警解除

预警发布部门或地区根据实际情况，确定是否解除预警，及时发布预警解除信息。

4　应急处置

4.1　事件报告

网络安全事件发生后，事发单位应立即启动应急预案，实施处置并及时报送信息。各有关地区、部门立即组织先期处置，控制事态，消除隐患，同时组织研判，注意保存证据，做好信息通报工作。对于初判为特别重大、重大网络安全事件的，立即报告应急办。

4.2　应急响应

网络安全事件应急响应分为四级，分别对应特别重大、重大、较大和一般网络安全事件。Ⅰ级为最高响应级别。

4.2.1　Ⅰ级响应

属特别重大网络安全事件的，及时启动Ⅰ级响应，成立指挥部，履行应急处置工作的统一领导、指挥、协调职责。应急办24小时值班。

有关省(区、市)、部门应急指挥机构进入应急状态，在指挥部的统一领导、指挥、协调下，负责本省(区、市)、本部门应急处置工作或支援保障工作，24小时值班，并派员参加应急办工作。

有关省(区、市)、部门跟踪事态发展，检查影响范围，及时将事态发展变化情况、处置进展情况报应急办。指挥部对应对工作进行决策部署，有关省(区、市)和部门负责组织实施。

4.2.2　Ⅱ级响应

网络安全事件的Ⅱ级响应，由有关省(区、市)和部门根据事件的性质和情况确定。

（1）事件发生省（区、市）或部门的应急指挥机构进入应急状态，按照相关应急预案做好应急处置工作。

（2）事件发生省（区、市）或部门及时将事态发展变化情况报应急办。应急办将有关重大事项及时通报相关地区和部门。

（3）处置中需要其他有关省（区、市）、部门和国家网络安全应急技术支撑队伍配合和支持的，商应急办予以协调。相关省（区、市）、部门和国家网络安全应急技术支撑队伍应根据各自职责，积极配合、提供支持。

（4）有关省（区、市）和部门根据应急办的通报，结合各自实际有针对性地加强防范，防止造成更大范围影响和损失。

4.2.3　Ⅲ级、Ⅳ级响应

事件发生地区和部门按相关预案进行应急响应。

4.3　应急结束

4.3.1　Ⅰ级响应结束

应急办提出建议，报指挥部批准后，及时通报有关省（区、市）和部门。

4.3.2　Ⅱ级响应结束

由事件发生省（区、市）或部门决定，报应急办，应急办通报相关省（区、市）和部门。

5　调查与评估

特别重大网络安全事件由应急办组织有关部门和省（区、市）进行调查处理和总结评估，并按程序上报。重大及以下网络安全事件由事件发生地区或部门自行组织调查处理和总结评估，其中重大网络安全事件相关总结调查报告报应急办。总结调查报告应对事件的起因、性质、影响、责任等进行分析评估，提出处理意见和改进措施。

事件的调查处理和总结评估工作原则上在应急响应结束后30天内完成。

6　预防工作

6.1　日常管理

各地区、各部门按职责做好网络安全事件日常预防工作，制定完善相关应急预案，做好网络安全检查、隐患排查、风险评估和容灾备份，健全网络安全信息通报机制，及时采取有效措施，减少和避免网络安全事件的发生及危害，提高应对网络安全事件的能力。

6.2　演练

中央网信办协调有关部门定期组织演练，检验和完善预案，提高实战能力。

各省(区、市)、各部门每年至少组织一次预案演练,并将演练情况报中央网信办。

6.3 宣传

各地区、各部门应充分利用各种传播媒介及其他有效的宣传形式,加强突发网络安全事件预防和处置的有关法律、法规和政策的宣传,开展网络安全基本知识和技能的宣传活动。

6.4 培训

各地区、各部门要将网络安全事件的应急知识列为领导干部和有关人员的培训内容,加强网络安全特别是网络安全应急预案的培训,提高防范意识及技能。

6.5 重要活动期间的预防措施

在国家重要活动、会议期间,各省(区、市)、各部门要加强网络安全事件的防范和应急响应,确保网络安全。应急办统筹协调网络安全保障工作,根据需要要求有关省(区、市)、部门启动红色预警响应。有关省(区、市)、部门加强网络安全监测和分析研判,及时预警可能造成重大影响的风险和隐患,重点部门、重点岗位保持 24 小时值班,及时发现和处置网络安全事件隐患。

7 保障措施

7.1 机构和人员

各地区、各部门、各单位要落实网络安全应急工作责任制,把责任落实到具体部门、具体岗位和个人,并建立健全应急工作机制。

7.2 技术支撑队伍

加强网络安全应急技术支撑队伍建设,做好网络安全事件的监测预警、预防防护、应急处置、应急技术支援工作。支持网络安全企业提升应急处置能力,提供应急技术支援。中央网信办制定评估认定标准,组织评估和认定国家网络安全应急技术支撑队伍。各省(区、市)、各部门应配备必要的网络安全专业技术人才,并加强与国家网络安全相关技术单位的沟通、协调,建立必要的网络安全信息共享机制。

7.3 专家队伍

建立国家网络安全应急专家组,为网络安全事件的预防和处置提供技术咨询和决策建议。各地区、各部门加强各自的专家队伍建设,充分发挥专家在应急处置工作中的作用。

7.4 社会资源

从教育科研机构、企事业单位、协会中选拔网络安全人才,汇集技术与数据资源，建立网络安全事件应急服务体系，提高应对特别重大、重大网络安全事件的能力。

7.5　基础平台

各地区、各部门加强网络安全应急基础平台和管理平台建设，做到早发现、早预警、早响应，提高应急处置能力。

7.6　技术研发和产业促进

有关部门加强网络安全防范技术研究，不断改进技术装备，为应急响应工作提供技术支撑。加强政策引导，重点支持网络安全监测预警、预防防护、处置救援、应急服务等方向，提升网络安全应急产业整体水平与核心竞争力，增强防范和处置网络安全事件的产业支撑能力。

7.7　国际合作

有关部门建立国际合作渠道，签订合作协定，必要时通过国际合作共同应对突发网络安全事件。

7.8　物资保障

加强对网络安全应急装备、工具的储备，及时调整、升级软件硬件工具，不断增强应急技术支撑能力。

7.9　经费保障

财政部门为网络安全事件应急处置提供必要的资金保障。有关部门利用现有政策和资金渠道，支持网络安全应急技术支撑队伍建设、专家队伍建设、基础平台建设、技术研发、预案演练、物资保障等工作开展。各地区、各部门为网络安全应急工作提供必要的经费保障。

7.10　责任与奖惩

网络安全事件应急处置工作实行责任追究制。

中央网信办及有关地区和部门对网络安全事件应急管理工作中作出突出贡献的先进集体和个人给予表彰和奖励。

中央网信办及有关地区和部门对不按照规定制定预案和组织开展演练、迟报、谎报、瞒报和漏报网络安全事件重要情况或者应急管理工作中有其他失职、渎职行为的，依照相关规定对有关责任人给予处分；构成犯罪的，依法追究刑事责任。

8　附则

8.1　预案管理

本预案原则上每年评估一次，根据实际情况适时修订。修订工作由中央网信办负责。

各省(区、市)、各部门、各单位要根据本预案制定或修订本地区、本部门、本行业、本单位网络安全事件应急预案。

8.2 预案解释

本预案由中央网信办负责解释。

8.3 预案实施时间

本预案自印发之日起实施。

附件：

1. 网络安全事件分类
2. 名词术语
3. 网络和信息系统损失程度划分说明

附件1

网络安全事件分类

网络安全事件分为有害程序事件、网络攻击事件、信息破坏事件、信息内容安全事件、设备设施故障、灾害性事件和其他网络安全事件等。

(1)有害程序事件分为计算机病毒事件、蠕虫事件、特洛伊木马事件、僵尸网络事件、混合程序攻击事件、网页内嵌恶意代码事件和其他有害程序事件。

(2)网络攻击事件分为拒绝服务攻击事件、后门攻击事件、漏洞攻击事件、网络扫描窃听事件、网络钓鱼事件、干扰事件和其他网络攻击事件。

(3)信息破坏事件分为信息篡改事件、信息假冒事件、信息泄露事件、信息窃取事件、信息丢失事件和其他信息破坏事件。

(4)信息内容安全事件是指通过网络传播法律法规禁止信息，组织非法串联、煽动集会游行或炒作敏感问题并危害国家安全、社会稳定和公众利益的事件。

(5)设备设施故障分为软硬件自身故障、外围保障设施故障、人为破坏事故和其他设备设施故障。

(6)灾害性事件是指由自然灾害等其他突发事件导致的网络安全事件。

(7)其他网络安全事件是指不能归为以上分类的网络安全事件。

附件2

名词术语

一、重要网络与信息系统

所承载的业务与国家安全、社会秩序、经济建设、公众利益密切相关的网络和信息系统。

参考依据：《信息安全技术信息安全事件分类分级指南》（GB/Z 20986—2007）。

二、重要敏感信息

不涉及国家秘密，但与国家安全、经济发展、社会稳定以及企业和公众利益密切相关的信息，这些信息一旦未经授权披露、丢失、滥用、篡改或销毁，可能造成以下后果：

（1）损害国防、国际关系；

（2）损害国家财产、公共利益以及个人财产或人身安全；

（3）影响国家预防和打击经济与军事间谍、政治渗透、有组织犯罪等；

（4）影响行政机关依法调查处理违法、渎职行为，或涉嫌违法、渎职行为；

（5）干扰政府部门依法公正地开展监督、管理、检查、审计等行政活动，妨碍政府部门履行职责；

（6）危害国家关键基础设施、政府信息系统安全；

（7）影响市场秩序，造成不公平竞争，破坏市场规律；

（8）可推论出国家秘密事项；

（9）侵犯个人隐私、企业商业秘密和知识产权；

（10）损害国家、企业、个人的其他利益和声誉。

参考依据：《信息安全技术云计算服务安全指南》（GB/T 31167—2014）。

附件3

网络和信息系统损失程度划分说明

网络和信息系统损失是指由于网络安全事件对系统的软硬件、功能及数据的破坏，导致系统业务中断，从而给事发组织所造成的损失，其大小主要考虑恢复系统正常运行和消除安全事件负面影响所需付出的代价，划分为特别严重的系统损失、严重的系统损失、较大的系统损失和较小的系统损失，说明如下：

（1）特别严重的系统损失：造成系统大面积瘫痪，使其丧失业务处理能力，或系统关键数据的保密性、完整性、可用性遭到严重破坏，恢复系统正常运行和消除安全事件负面影响所需付出的代价十分巨大，对于事发组织是不可承受的；

（2）严重的系统损失：造成系统长时间中断或局部瘫痪，使其业务处理能力受到极大影响，或系统关键数据的保密性、完整性、可用性遭到破坏，恢复系统正常运行和消除安全事件负面影响所需付出的代价巨大，但对于事发组织是可承受的；

（3）较大的系统损失：造成系统中断，明显影响系统效率，使重要信息系统或一般信息系统业务处理能力受到影响，或系统重要数据的保密性、完整性、可用性遭到破坏，恢复系统正常运行和消除安全事件负面影响所需付出的代价较大，但对于事发组织是完全可以承受的；

（4）较小的系统损失：造成系统短暂中断，影响系统效率，使系统业务处理能力受到影响，或系统重要数据的保密性、完整性、可用性遭到影响，恢复系统正常运行和消除安全事件负面影响所需付出的代价较小。

附录四 常见网络缩略语对照表

缩略语	英文解释	中文解释
3DES	Triple DES	三重数据加密标准
AC	Attribute Certificate	属性证书
ACFC	Address and Control Field Compression	地址及控制域压缩
ACL	Access Control List	访问控制列表
ACT	Anti-Clogging Token	抗堵塞攻击令牌
ADSL	Asymmetric Digital Subscriber Line	非对称数字用户线路
AES	Advanced Encryption Standard	高级加密标准
AH	Authentication Header	认证首部
AP	Authentication Packet	认证包
API	Application Programming Interface	应用程序编程接口
APP	Application	手机应用程序
APT	Advanced Persistent Threat	高级持续性威胁
ARP	Address Resolution Protocol	地址解析协议
ARPANET	Advanced Research Project Agency Network	阿帕网（Internet 的前身）
ASCII	American Standard Code for Information Interchange	美国标准信息交换代码
ASI	Abstract Service Interface	抽象服务接口
ASM	Automatic Storage Management	自动存储管理
ATM	Asynchronous Transfer Mode	异步传输模式
AXFR	All Zone Transfer	完全区域传输
B/S	Browser/Server	游览器/服务器结构
BDC	Backup Domain Controller	备份域控制器
BER	Basic Encoding Rules	基本编码规则
BGP	Border Gateway Protocol	边界网关协议
BIOS	Basic Input Output System	基本输入输出系统
C/S	Client/Server	客户端/服务器
CA	Certificate Authority	证书授权中心
CAPI	Crypto Application Programming Interface	密码应用可编程接口
CASB	Cloud Access Security Broker	云访问安全代理

（续）

缩略语	英文解释	中文解释
CCITT	Consultative Committee of International Telegraph and Telephone	国际电报电话咨询委员会
CDMF	Commercial Data Masking Facility	商业数据掩码设施
CERT	Computer Emergency Response Team	计算机应急响应小组
CGI	Common Gateway Interface	公共网关接口
CHAP	Challenge Handshake Authentication Protocol	基于挑战的握手认证协议
CIX	Commercial Internet Exchange	商业互联网交换中心
CMS	Cryptographic Message Syntax Standard	密码消息语法标准
CNNIC	China Internet Network Information Center	中国互联网络信息中心
CRC	Cyclic Redundancy Check	循环冗余校验
CRL	Certificate Revocation List	证书撤销列表
CSP	Cryptographic Service Providers	密码服务提供者
DARPA	Defense Advanced Research Projects Agency	国防部高级研究规划署
DASS	Distributed Authentication Security Service	分布式认证安全服务
DDE	Dynamic Data Exchange	动态数据交换
DDoS	Distributed Denial of Service	分布式拒绝服务
DEC	Digital Equipment Corporation	数字设备公司
DEK	Data Exchange Key	数据交换密钥
DER	Distinguished Encoding Rules	区分编码规则
DES	Data Encryption Standard	数据加密标准
DESX	Data Encryption Standard Extended	扩展的 DES
D-H	Diffie-Hellman	用于密钥协商
DHCP	Dynamic Host Configuration Protocol	动态主机配置协议
DISI	Deployment of Internet Security Extensions	互联网安全扩展部署
DLC	Data Link Control	数据链路控制
DLL	Dynamic Link Library	动态链接库
DLP	Data Leakage Prevention	数据泄露防护
DMZ	Demilitarized Zone	隔离区
DN	Distinguished Name	识别名
DNCP	DECnet Phase IV Control Protocol	DECnet 四阶段控制协议
DNS	Domain Name System	域名系统

（续）

缩略语	英文解释	中文解释
DNS	Domain Name Server	域名服务器
DNSsec	DNS Security Extensions	DNS 安全扩展标准
DOI	Domain of Interpretation	解释域
DoS	Denial of Service	拒绝服务攻击
DSA	Digital Signature Algorithm	数字签名算法
DSS	Digital Signature Standard	数字签名标准
ECB	Electronic Codebook	电子密码本
ECC	Elliptic Curves Cryptography	椭圆曲线密码
ECDH	Elliptic Curve Diffie Hellman	椭圆曲线 D
ECDSA	Elliptic Curve DSA	椭圆曲线 DSA
EDR	Endpoint Detection Response	终端检测响应
EGP	External Gateway Protocol	外部网关协议
EOF	End Of File	文件末尾
ESP	Encapsulating Security Payload	封装安全载荷
FAT	File Allocation Table	文件配置表
FC	Flow Collector	流量采集器
FDDI	Fiber Distributed format	光钎分布式数据接口
FMC	Flow Management Controller	流量管理控制台
FQDN	Full Qualified Domain Name	完全合格域名
FR	Frame Relay	帧中继
FTP	File Transfer Protocol	文件传输协议
GDI	Graphics Device Interface	图形设备接口
gif	graphics Interchange format	图像交换格式
GINA	Graphical Identification and Authentication	图形化鉴别和认证
GPS	Global Positioning System	全球定位系统
GUI	Graphical User Interface	图形用户界面
HMAC	Hash Message Authentication Code	基于散列的消息验证码
HTML	HyperText Markup Language	超文本标记语言
HTTP	HyperText Transfer Protocol	超文本传输协议
IaaS	Infrastructure as a Service	基础设施即服务

（续）

缩略语	英文解释	中文解释
IAB	Internet Architecture Board	Internet 体系结构委员会
IANA	Internet Assigned Number Authority	Internet 编号分配机构
IATF	Information Assurance Technical Framework	信息保障技术框架
IBM	International Business Machines Corporation	国际商业机器公司
ICMP	Internet Control Message Protocol	Internet 控制报文协议
ICS	Internet Connection Sharing	互联网连接共享
IDS	Intrusion Detection System	入侵检测系统
IE	Internet Explorer	微软浏览器
IESG	Internet Engineering Steering Group	Internet 工程指导组
IETF	Internet Engineering Task Force	Internet 工程任务组
IGP	Interior Gateway Protocol	内部网关协议
IIS	Internet Information Services	Internet 信息服务
IKE	Internet Key Exchange	互联网密钥交换
IMP	Interface Message Processor	接口信息处理机
IP	Internet Protocol	互联网协议
IPC	Inter-Process Communication	进程间通信
IPCP	IP Control Protocol	IP 控制协议
IPS	Intrusion Prevention System	入侵防御系统
IPsec	IP Security	IP 安全，知名的网络安全协议套件
IPSP	IP Security Policy	IP 安全策略
IPv6	Internet Protocol Version 6	网际互联协议版本 6 或下一代互联网协议
IPX	Internetwork Packet Exchange	网间分组交换协议
IRC	Internet Relay Chat	互联网中继聊天
IRQ	Interrupt Request	中断请求
ISAKMP	Internet Security Association and Key Management Protocol	互联网安全关联与密钥管理协议
ISC	Internet Systems Consortium	互联网系统协会
ISDN	Integrated Services Digital Network	综合业务数字网

（续）

缩略语	英文解释	中文解释
ISO	International Organization for Standardization	国际标准化组织
ISP	Internet Service Provider	Internet 服务提供商
IV	Initialization Vector	初始化向量
KDC	Key Distribution Center	密钥分发中心
KEA	Key Exchange Algorithm	密钥交换算法
KSK	Key Signing Key	密钥签名密钥
LAN	Local Area Network	局域网
LCD	Local Configuration Datastore	本地配置库
LCP	Link Control Protocol	链路控制协议
LDAP	Lightweight Directory Access Protocol	轻目录访问协议
LNS	L2TP Network Server	L2TP 网络服务器
LPC	Local Procedure Call	本地过程调用
LQR	Link Quality Report	链路状态报告
LSA	Local Security Authority	本地安全权限
LSASS	LSA Sub-system	LSA 子系统
LSB	Least Significant Bit	决定一个二进制数奇偶性的位，有时也称为最右位
LZS	Lempel-Ziv Standard	一种数据压缩算法，Lempel 和 Ziv 分别是算法的作者名
MAC	Media Access Control	介质访问控制
MAC	Message Authentication Code	消息验证码
MAN	Metropolitan Area Network	城域网
MD5	Message Digest Algorithm 5	消息摘要算法 5
MIB	Management Information Base	管理信息库
MIC	Message Integrity Check	消息完整性校验
MIME	Multipurpose Internet Mail Extensions	多用途网际邮件扩充协议
Modem	Modulator and Demodulator	调制解调器
MPR	Multiprotocol Router	多协议路由器
MRTI	Machine-Readable Threat Intelligence	机读威胁情报
MRU	Maximum Receive Unit	最大接收单元

（续）

缩略语	英文解释	中文解释
MVC	Model View Controller	模型视图控制器
NAC	Network Admission Control	网络准入控制
NAT	Network Address Translation	网络地址转换
NCP	Network Control Protocol	网络控制协议
NDIS	Network Driver Interface Specification	网络驱动接口规范
NetBIOS	Network Basic Input/Output System	网络基本输入输出系统
NFS	Network File System	网络文件系统
NFV	Network Function Virtualization	网络功能虚拟化
NGSOC	New Generation Security Operations Center	态势感知与安全运营平台
NIC	Network Interface Card	网卡
NLSP	Network Layer Security Protocol	网络层安全协议
NNTP	Network News Transfer Protocol	网络新闻传输协议
NSS	National Security System	国家安全系统
NTLM	NT LAN Manager	NT 局域网管理器
OCSP	Online Certificate Status Protocol	联机证书状态协议
ODBC	Open Database Connectivity	开放数据库连接
OID	Object Identifier	对象标识符
OpenVMS	Open Virtual Memory System	开放虚拟内存系统
OSPF	Open Shortest Path First	开放式最短路径优先
OUI	Organizationally Unique Identifier	IEEE 为每个厂商赋予的唯一标识
PaaS	Platform as a Service	平台即服务
PAC	Privilege Attribute Certificate	特权属性证书
PAM	Pluggable Authentication Modules	可插拔认证模块
PAP	Password Authentication Protocol	口令认证协议
PBX	Private Branch Exchange	专用交换机
PCI	Peripheral Component Interconnect	外设组件互连标准
PCMCIA	Personal Computer Memory Card International Association	PC 内存卡国际联合会
PDC	Primary Domain Controller	主域控制器
PDU	Protocol Data Unit	协议数据单元

（续）

缩略语	英文解释	中文解释
PEM	Privacy Engaged Mail	专用于隐私的邮件
PFC	Protocol Field Compression	完美的前向安全性
PGP	Pretty Good Privacy	很好的隐私性
PKCS	Public-Key Cryptography Standards	公钥密码标准
POP	Post Office Protocol	互联网电子邮件协议标准
POP3	Post Office Protocol 3	互联网电子邮件协议标准第三版
PPP	Point to Point Protocol	点到点协议
PPPoA	PPP over ATM	ATM 上的 PPP
PPPoE	PPP over Ethernet	以太网上的 PPP
PPTP	Point-to-Point Tunnel Protocol	点到点隧道协议
PRF	Pseudo-Random Function	伪随机函数
PSTN	Public Switched Telephone Network	公共电话交换网络
Q.931	Q.931	ISDN 网络接口层协议
QM	Quick Mode	快速模式
QOP	Quality Of Protect	保护质量
RADIUS	Remote Authentication Dial In User Service	远程拨入用户认证服务
RAS	Remote Access Service	远程访问服务
REXEC	Remote Execution	远程执行
RFC	Request For Comment	请求评议
RIP	Routing Information Protocol	路由选择信息协议
RISC	Reduced Instruction Set Computer	精简指令集计算机
Rlogin	Remote Login	远程登陆
RPC	Remote Procedure Call	远程过程调用
RR	Resource Record	资源记录
RSA	RSA Algorithm	公钥加密算法
RSH	Remote Shell	远程命令解释器
SA	Security Association	安全关联
SaaS	Software as a Service	软件即服务
SACL	System Access Control List	系统访问控制列表

（续）

缩略语	英文解释	中文解释
SAD	Security Association Database	安全管理库
SAM	Security Account Manager	安全账户管理器
SAS	Secure Attention Sequence	安全警告序列
SCS	SSH Communications Security	SSH 通信安全公司
SCSI	Small Computer System Interface	小型计算机系统接口
SDN	Software Defined Network	软件定义网络
SecOps	Security Operations	一种全新的安全理念与模式
SEP	Secure Entry Point	安全入口点
SFTP	Secure Shell File Transfer Protocol	安全 Shell 文件传输协议
SGI	Silicon Graphics Inc	硅谷图形公司
SGMP	Simple Gateway Monitoring Protocol	简单网关监控协议
SHTML	Security Extensions For HTML	HTML 安全扩展
SID	Security Identifier	安全标识符
SLIP	Serial Line Internet Protocol	串行线路网际协议
SMB	Server Message Block	服务信息块协议
SMI	Structure of Management Information	管理信息结构
SMP	Simple Management Protocol	简单管理协议
SMTP	Simple Mail Transfer Protocol	简单邮件传输协议
SNMP	Simple Network Management Protocol	简单网络管理协议
SOA	Start of Authority	起始授权机构
SOC	Security Operations Center	安全管理平台
SONET/SDH	Synchronous Optical Network/Synchronous Digital Hierarchy	同步光纤网/同步数字系统
SP3	Security Protocol 3	安全数据网络系统安全协议 3
SPAN	Switched Port Analyzer	交换端口分析器
SPD	Security Policy Database	安全策略库
SPI	Security Parameter Index	安全参数索引
SQL	Structured Query Language	结构化查询语言
SSF	Scalable Simulation Framework	可伸缩仿真框架
SSFNet	SSF Network Model	SSF 网络模型
SSH	Secure Shell	安全命令解释器

（续）

缩略语	英文解释	中文解释
SSL	Secure Sockets Layer	安全套接层
SSP	Security Support Providers	安全服务提供者
SSPI	Security Support Provider Interface	安全支持提供者接口
TCP	Transmission Control Protocol	传输控制协议
Telnet	Telecommunication Network Protocol	电信网络协议，表示远程登陆协议和方式
TFC	Traffic Flow Confidentiality	通信流机密性
TFTP	Trivial File Transfer Protocol	简单文件传输协议
TGS	Ticket Granting Server	票据许可服务器
TGS	Ticket Granting Service	票据许可服务
TGT	Ticket Granting Ticket	票据许可票据
TLS	Transport Layer Security	传输层安全
TLV	Type-Length-Value	长度-类型-值
TMAP	Trust Anchor Management Protocol	信任锚管理协议
TNCP	TRILL Network Control Protocol	TRILL 网络控制协议
TRILL	Transparent Interconnection of Lots of Links	多链接透明互联
TTL	Time to Live	生存期
U2U	User to User	用户到用户
UAP	User Account Database	用户账号库
UDP	User Datagram Protocol	用户数据报协议
Ukey	USB Key	电子钥匙
UKM	User Keying Material	用户密钥素材
URL	Uniform Resource Locator	统一资源定位符
USM	User-based Security Model	基于用户的安全模型
UTC	Coordinated Universal Time	世界标准时间
UTF-8	Unicode Transformation Format	8 位元 Unicode 转换格式
UTM	Unified Threat Management	统一威胁管理
v3MP	SNMPv3 Message Processing Model	SNMPv3 信息处理模型
VACM	View-based Access Control Model	基于视图的访问控制模型
VBL	Variable Binding List	变量绑定表

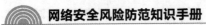
（续）

缩略语	英文解释	中文解释
VM	Virtual Machine	虚拟机
VPDN	Virtual Private Dialup Network	虚拟专用拨号网络
VPN	Virtual Private Network	虚拟专用网
VRML	Virtual Reality Modeling Language	虚拟现实建模语言
VRRP	Virtual Router Redundancy Protocol	虚拟路由冗余协议
WAF	Web Application Firewall	网站应用级入侵防御系统
WAN	Wide Area Network	广域网
WAP	Wireless Application Protocol	无线应用协议
WiFi	Wireless Fidelity	基于 IEEE 802.11b 的无线局域网
WINS	Windows Internet Name Service	Windows 网络名称服务
WLAN	Wireless Local Area Networks	无线局域网
WWW	World Wide Web	万维网
ZSK	Zone Signing Key	域签名密钥